Inhaltsverzeichnis

Widmung

Über die Jahre hinweg habe ich Hunderte, wenn nicht Tausende von Hunden ausgebildet oder war an deren Ausbildung beteiligt. Auch hatte ich selbst mehrere eigene Hunde, mit denen ich aktiv arbeitete. Unter ihnen stach einer als etwas ganz Besonderes hervor: Ssaber. Er war ein vom Militär „aussortierter" Spürhund, der zu mir ab dem ersten Augenblick, als wir uns sahen, eine Bindung aufbaute. Als er im Alter von etwa 18 Monaten abzugeben war, hatte ich gerade ein Haus gekauft und konnte ihn mit nach Hause nehmen. Über zehn Jahre lang war er der beste Hund aller Zeiten für mich und ich vermisse ihn sehr. So möchte ich mein erstes Buch dem Grund dafür widmen, warum ich mein Leben mit Hunden teile – nämlich der Tatsache, dass all die Ssabers dieser Welt bewirken, dass wir unser Leben als etwas Besonderes wahrnehmen.

Ssaber. Februar 2008 – November 2020.

*„Jeder denkt, dass er den besten Hund hat …
und keiner hat Unrecht."*

W.R. Purche

Vorwort von Chris Willingham

Während meiner zwanzig Jahre im US Marine Corps hatte ich das große Glück, einen großen Teil meiner Laufbahn dem Diensthundeprogramm der Armee (Military Working Dog Program – MWD) widmen zu können. Über die Jahre hinweg diente ich zusammen mit einigen der besten Hundeführer und Ausbilder in dieser Gemeinschaft und hatte die Ehre, Teil jener unglaublichen Generation von Marines zu sein, die mit der Entwicklung des MWD-Programms zur Gefahrenabwehr im Irak und in Afghanistan beitrugen. Meine Karriere dort begann 1999, als unsere Hauptaufgabe im Schutz der Truppen und in der Strafverfolgung lag. Nach dem 11. September 2001 bauten wir unsere Kapazitäten aus, implementierten neue Ausbildungsgänge und steigerten unsere allgemeine Einsatzbereitschaft mit dem Ziel, in Kampfhandlungen Leben retten zu können. Improvisierte Sprengfallen stellten damals die Hauptbedrohung für die Koalitionsstreitkräfte dar und gut ausgebildete Spürhunde wurden zu einer der effektivsten Gegenmaßnahmen.

Während eines Aufklärungs- und Räumungseinsatzes im Irak war ich einmal dafür verantwortlich, eine Route südlich von Bagdad zu finden. Seit über neun Monaten hatte es keine nennenswerte Präsenz von Streitkräften der Koalition in diesem Gebiet gegeben. Es war eine Hochburg der Aufständischen, die Bagdad kontinuierlich mit Minenwerfern und Autosprengsätzen angriffen. Unsere Aufgabe bestand darin, das Areal systematisch abzusuchen und zu räumen und eine Präsenz aufzubauen, um die Bewegungsfreiheit wiederherzustellen. Für diese spezielle Mission waren wir mit der Räumung der sogenannten Gnat-Route beauftragt, die neben dem Fluss Tigris von Nord nach Süd verlief. Der mir zugeteilte Diensthund war ein Sprengstoffspürhund, der dazu ausgebildet war, in freier, unangeleinter Suche Sprengstoffgeruch anzuzeigen. Jeder Engpass wurde von uns als Hochrisiko-Suchgebiet behandelt, was bedeutete, dass ich zunächst den Wind prüfte, um festzulegen, auf welcher Straßenseite wir beginnen würden. Dann schickte ich meine Hündin den Weg entlang und voran durch den Engpass, um sie dann auf der gleichen Wegseite wieder zurückzurufen. Dann erst begaben wir uns auf die andere Wegseite und setzten die Suche dort auf gleiche Weise fort. Als wir den dritten Engpass an diesem Tag absuchten, zeigte meine Hündin die unverwechselbare Änderung in ihrem Verhalten, die bedeutete, dass sie den Geruch von Sprengstoff in der Nase hatte. Sie schnüffelte intensiver, aktiv, aber methodisch und wedelte dabei mit der Rute. Ich musste nicht erst auf ihre finale Anzeige warten, da ihr Verhalten für mich schon klare Rückschlüsse zuließ, weshalb ich sie zurückrief. Bei anschließender Untersuchung der Engstelle fanden die Kameraden unserer Räumeinheit ungefähr 15 Kilo selbst hergestellten Sprengstoff, der rund dreißig Zentimeter tief an genau der Engstelle eingegraben war.

Es war ein Moment ungeheurer Befriedigung. All die harte Arbeit, die vielen Stunden, zahllosen Übungen und Tests zur Vorbereitung auf Einsätze in Kriegsgebieten hatten sich ausgezahlt. Es sollte nur der erste von vielen weiteren Funden meiner Hündin werden. Sie war der einzige Grund dafür, dass ich es wieder nach Hause zu meiner Familie schaffte. Ich verdanke ihr mein Leben. Wenn man aus der Trainingsperspektive einmal die Zeit zurückdreht, dann hat alles irgendwann mit Spiel und positiver Verknüpfung begonnen, damit, dass wir eine solide Grundlage bauten und meine Hündin richtig auf den Zielgeruch geprägt hatten. Es sind nur ein paar wenige, ausgewählte Menschen, denen ich meinen Erfolg im Spürhundeprogramm zu verdanken habe, und Paul Bunker ist einer von ihnen. Er hatte einen immensen Einfluss auf mich, indem er mein Verständnis von Verhaltensveränderung, Geruchsunterscheidungsarbeit und operanter Konditionierung vertiefte. Paul ist sehr erfahren und in der Diensthundewelt bestens als echter Fachexperte bekannt – ich schätze mich glücklich, mit ihm zusammen gedient und trainiert zu haben.

Ich traf Paul zum ersten Mal 2006 im Ausbildungszentrum für Diensthunde des Verteidigungsministeriums auf dem Luftwaffenstützpunkt von Lackland. Ich war damals seit sechs Jahren Diensthundeführer. Zu diesem Zeitpunkt hatte Paul schon 22 Jahre in der britischen Armee hinter sich, wo er in verschiedenen Rollen an deren Diensthundeprogramm beteiligt war. Nach seiner Pensionierung half er beim Aufbau der Diensthundestaffeln der US Army in Fort Leonard Wood, Missouri und war dann nach Lackland gekommen, um unsere Sprengstoffspürhundeausbildung auf die richtige Spur zu bringen. Er brachte seinen ganzen Wissensschatz mit, seine Erfahrung in Ausbildung und Einsatz und seine Begeisterung für das Training der Hunde und Hundeführer – und vor allem für die Hunde. Pauls positiver und beinahe unmittelbarer Einfluss auf die Sprengstoffspürhundeausbildung kann gar nicht genug gewürdigt werden, besonders in Anbetracht der Bedeutung unserer Tätigkeit im Rahmen der weltweiten Terrorbekämpfung. Er entwickelte einen Trainingsplan, der sowohl effektiv als auch effizient war und stellte damit sicher, dass wir unser letztendliches Ziel auch erreichen konnten, nämlich gut ausgebildete Hundeteams in die weltweiten Einsätze zu schicken.

Die Schlüsselelemente meiner Grundlagen für die Spürhundearbeit habe ich in den Jahren meiner Arbeit mit Paul erworben und konnte diese im Laufe meiner restlichen Dienstzeit an unzählige Marines weitergeben. Ich konnte meine Marines zu besseren Trainern machen, weil Paul mich zu einem besseren Trainer gemacht hatte. Dieses Buch zeigt Ihnen Techniken, die viel zu Ihrem Erfolg als Hundeausbilder beitragen werden, und zwar unabhängig von Ihrer jeweiligen Disziplin. Pauls systematische Herangehensweise an das Training ist bewährt, effektiv und über viele Jahre und aus vielen Erfahrungen weiterentwickelt. Ich bin stolz, Dich zu kennen, mein Bruder.

Chris Willingham

Master Sergeant (i.R.),
United States Marine Corps

Präsident der United States War Dog Association

Der Hintergrund

Es ist viele Jahre her, dass ich als leitender technischer Berater zu einem Ausbildungsprogramm für frei suchende Spürhunde berufen wurde. Es handelte sich um jeweils dreimonatige Ausbildungsgänge, an deren Ende eine zweiwöchige Überprüfungsphase an einem Ort mit möglichst einsatznahen Bedingungen stand. Jeder Hundeführer bekam zwei „grüne", sprich unausgebildete Hunde zugeteilt, die er während des gesamten Kurses an verschiedenen Örtlichkeiten trainierte. Schon kurz nach Übernahme meiner Aufgabe war ich schnell ziemlich frustriert, denn als ich die Teams am Ende des Kurses in der Überprüfungsphase beobachtete, musste ich feststellen, dass sie ganz klar die geforderten Standards nicht erreichten. Sie hatten viele Wochen in das Training investiert, um dann aber am Ende nicht einsatzbereit zu sein. Das Endziel war, dass jeder Hundeführer den Kurs mit einem einsatzbereiten Hund verlassen sollte. Mir wurde klar: Wenn wir immer bis zur letzten Phase des Trainings warteten, bevor wir intervenierten, hatten wir die Gelegenheit verpasst, schon früher wichtige und vor allem effektivere Veränderungen zu bewirken. Ich führte deshalb ein System von Zwischenprüfungen ein, in denen die Basisfähigkeiten im Rahmen von Fortschrittskontrollen abgefragt wurden und nahm Änderungen am Trainingsprogramm vor. Jetzt musste also jeder Hund die Zwischentests bestehen, um weiter am Programm teilnehmen zu können. Bestand er einen Zwischentest nicht, bekam er fünf Tage zusätzliche Trainingszeit und einen Wiederholungsversuch zugestanden. Nichtbestehen beim zweiten Anlauf brachte den Hund für zwei Wochen zurück in eine „Wiederholungsklasse". So bekam er Extra-Training, um den Standard erreichen zu können und profitierte von einer insgesamt längeren Trainingszeit, um so in der finalen Phase bessere Leistungen zeigen zu können.

Als erstes führte ich am bestehenden Training eine Änderung dahingehend ein, wie die Hunde in Suchsystemen trainiert wurden. Bisher lief die Ausbildung so ab, dass ein Zielgeruch ausgelegt wurde und die Hunde so lange suchten, bis sie ihn fanden. Das hatte „wilde Hunde", wie ich sie nannte, zur Folge, denn sie lernten, so lange umherzurennen, bis sie zufällig auf den Zielgeruch trafen. Solange sie den Geruch anzeigten, wurden sie belohnt, was das Ganze weiter verschlimmerte. Die Schule verfolgte damals eine Methode, nach der ein Hund immer dann, wenn er auf einen Geruch reagierte, belohnt werden *musste*, auch wenn dies in Konsequenz eines inkorrekten Verhaltens geschah. Wenn ein Hund also wild umherrannte, dabei alle Kommandos seines Hundeführers missachtete und den Zielgeruch fand, wurde er belohnt. Ich setzte dieser Praxis ein Ende und führte eine sechswöchige Kontrollphase ein, in der die Hunde zunächst ohne den Geruch und über positive

Verstärkung die Suchsystematik lernten. Erst, wenn Sie die Zwischenprüfungen zu Grundgehorsam und Richtungskommandos bestanden hatten, ging es weiter mit der Prägung auf den Geruch. Dies bewirkte eine massive Veränderung in der Richtungskontrolle und Suchsystematik der Hunde, weil beides unabhängig vom Zielgeruch trainiert wurde.

Als Nächstes standardisierte ich die Erfolgskontrollen und integrierte sie in das gesamte Trainingsprogramm. Wenn ein Hund die Überprüfung nicht bestand, bekam er fünf Tage Zusatztraining und versuchte es dann erneut. Schaffte er es dann immer noch nicht, wurde er in den parallel laufenden nächstfolgenden Trainingskurs integriert, der einen Monat hinter dem aktuellen zurücklag, sodass er das Pensum des Vormonats wiederholte. So kamen nur Hunde bis zur Phase der Überprüfung der Einsatzbereitschaft, wenn sie nachgewiesenermaßen die Fähigkeiten und Verhalten zeigten, die sie zum Bestehen der Prüfung brauchten. Dieses Verfahren erwies sich als höchst effektiv und die definierten Standardkriterien stellten sicher, dass die Hunde zwar in ihrem eigenen Tempo lernen konnten, der Kurs aber trotzdem im Zeitplan blieb.

Einführung

Danke, dass Sie dieses Buch gekauft haben. Ich freue mich darauf, Sie durch mein System der Geruchsprägung von Spürhunden zu führen und hoffe, Sie finden die Informationen verständlich und hilfreich.

Mit diesem Arbeitsbuch möchte ich Sie durch die bewährten Schritte führen, mit denen ich einen „grünen", sprich unausgebildeten Spürhund innerhalb von 15 Tagen dazu trainiere, einen Zielgeruch zu finden und anzuzeigen. Ich werde Ihnen zeigen, wie Sie effektiv mit Ihren Trainingshilfen umgehen und wie Sie Ihre Trainingsstunden systematisch aufzeichnen, um Ihren Erfolg messen zu können. Wenn Sie die Schritte in diesem Buch durchgearbeitet haben, werden Sie ein besseres Verständnis vom Phänomen der Geruchsprägung haben und können mit Ihrem eigenen Weg in der Spürhundeausbildung fortfahren.

Wenn Sie den in diesem Buch beschriebenen, aufeinander aufbauenden Schritten folgen, werden Sie einen Hund mit wenig oder keiner Erfahrung in der Geruchsunterscheidung zu einem formen, der auf einen Zielgeruch geprägt wurde. Selbst wenn Ihr Hund zuvor schon etwas Training erfahren hat, geben Ihnen meine Schritte die Flexibilität, das Programm mit ihm zu starten und dennoch Erfolg zu haben. Das gesamte Trainingsprogramm beruht auf positiver Verstärkung, es ist also belohnungsbasiert. Ich schlage Ihnen vor, zuerst einmal das ganze Buch durchzulesen und sich dabei Notizen dazu zu machen, welches Trainingsequipment Sie benötigen werden. So sind Sie gut darauf vorbereitet, um mit der Arbeit an den aufeinander aufbauenden Schritten beginnen zu können. Manche der Schritte können auf dem Weg zu Ihrem Endziel auch parallel zu anderen geübt werden. Es wird einen Arbeitsplan geben, der Ihnen anschaulich die einzelnen Schritte vor Augen führt. Achten Sie aber immer darauf, die korrekte Reihenfolge der Schritte beizubehalten. Schließen Sie jede Übung (nach Ihren Kriterien) ab und stellen Sie sicher, dass Sie das gesamte Training hindurch die Erfolgskontrollen durchführen. Mit Hilfe dieser systematischen Methode werden Sie die nötigen Fähigkeiten erwerben, um Ihr Ziel, Ihren Hund auf einen Zielgeruch zu prägen, erreichen zu können.

Ein wichtiger Hinweis noch an dieser Stelle: Nicht alle Hunde eignen sich zur Sucharbeit und als Spürhund, so sehr wir uns dies auch wünschen. Manche haben körperliche Einschränkungen, anderen fehlt ganz einfach die Motivation. Jede Übung in diesem Buch endet mit einer Erfolgskontrolle. Diese müssen in der vorgegebenen Reihenfolge bestanden werden, bevor Sie fortfahren können. Wenn Ihr Hund eine Erfolgskontrolle nicht besteht, ist ein Weitermachen nicht sinnvoll, weil Sie sonst weitere Schwierigkeiten, Stress und inadäquates Training heraufbeschwören. Sollten Sie also an einen Stolperstein geraten, machen Sie eine Pause und passen Sie dann Ihr Training an das Lernniveau des Hundes an.

Die Geruchsprägung ist ein kleiner, aber entscheidender Punkt im Repertoire eines Spürhundes und das Ziel dieses Arbeitsbuchs ist es, Ihnen einen guten Ausgangspunkt zum Training von Spürhunden zu geben. Vielleicht möchten Sie ja auch gar nicht weiter gehen, als Ihren Hund auf einen Zielgeruch zu prägen und diesen Prozess einfach dazu nutzen, das Alltagsleben für Ihren Hund etwas spannender zu gestalten. Auch in diesem Fall zeigt das Buch Ihnen die nötigen Schritte, wie Sie gelernte Fähigkeiten für ein interessantes Hobby und die Auslastung Ihres Hundes einsetzen können. Schon allein der Prozess des Trainings von Geruchsunterscheidung fördert das Lernen beim Hund und kann zu seinem mentalen Wohlbefinden beitragen (Duranton & Horowitz, 2019). Und wenn Sie an der Integration der Geruchsprägung in die professionelle Spürhundearbeit interessiert sind, dann wird Ihnen diese erste Phase einen klaren Hinweis darauf geben, ob Ihr Hund fähig ist, weiter auf diesem Gebiet zu arbeiten. Ohne die Fähigkeit, einen Zielgeruch zu finden und anzuzeigen, wird der Hund nicht in der Lage sein, an der weiteren Ausbildung teilzunehmen, die für die Spürhundeausbildung unerlässlich ist.

Ist die dargestellte Methode die einzige, um einen Spürhund zu prägen? Absolut nicht! Ist sie die einzige, die ich persönlich verwende? Absolut nicht! Aber was ich für dieses Buch zusammengetragen habe, ist der einfachste und in den meisten Fällen effektivste Weg. Sie können damit dem Arbeitsplan folgen, und solange Sie sich an diesen halten, wird er Ihnen dabei helfen, Ihren Spürhund auf den Geruch zu prägen. Die dargelegte Methode wird außerdem von Menschen mit den verschiedensten Zielen genutzt: Umwelt- und Artenschutz, Suchen von Gas- oder Öllecks, Drogen, Waffen und vieles mehr. Meine Methode erfordert keine raffinierte Ausrüstung, lediglich ein paar Behälter für die Phase der Geruchsprägung. Schraubdeckelgläser tun es. Sie brauchen keine speziellen Geruchsbehälter oder -karussells, keine Futterautomaten oder „Geruchswände".

Was dieses Arbeitsbuch Ihnen nicht vermitteln wird, ist die Wissenschaft hinter dem Training. Es ist ein Schritt-für-Schritt-Plan, der Ihnen beim Erreichen Ihres Ziels hilft. Er ist aus den Techniken entstanden, die ich über Jahrzehnte hinweg zur Geruchsprägung von Spürhunden erprobt habe. Sie werden also in diesem Buch keine Fußnoten zu wissenschaftlichen Aufsätzen oder Zitate aus anderen Werken finden. Ich habe lediglich einige Referenzen zu meinen eigenen Arbeiten aus diesem Bereich angeführt, um Ihnen Hintergrundinformationen zu liefern. Wenn Sie mehr über Geruch oder Tiertraining lernen möchten, gibt es unzählige Bücher, die sich diesen Themen widmen und die natürlich wesentlich weiter in die Tiefe gehen, als es der Rahmen dieses Arbeitsbuchs vorgibt.

Ich habe ein Buch von James Clear mit dem Titel *Atomic Habits (in deutscher Übersetzung erschienen unter: Die 1%-Methode, Anm. d. dt. Verlages)* gelesen, in dem es darum geht, dass man über die Zeit kleine Verbesserungen in allem, was man tut, vornehmen soll, um so Fortschritte zu machen. Der Autor sprach damit zwar Menschen und ihre Gewohnheiten an, aber man kann das Prinzip ebenso gut auf das Hundetraining übertragen. Sie finden auch Videos zu diesem Buch auf YouTube. Wenn Sie sich die Zeit nehmen, Ihre Zielgerüche sorgfältig auszusuchen und zu beschaffen, sorgfältig mit ihnen umzugehen und sie sorgfältig zu lagern und jegliche Kontamination (durch Ihr Training oder die Umwelt) vermeiden, dann werden Sie die Qualität Ihres Trainings und Ihrer Sucharbeit verbessern.

Tierschutz

Schutz und Wohlergehen des Hundes stehen an oberster Stelle. Ernährung, Haltung, Sozialisation und Enrichment sind allesamt entscheidende Faktoren dafür, ob ein Hund sich wohlfühlt. Die 1%-Regel gilt auch für all diese Lebensaspekte (und mehr). Im Kontext dieses Arbeitsbuchs werde ich noch genauer darauf zu sprechen kommen, wie das Wohlbefinden des Hundes mit dem Lernen zusammenhängt. Als Erstes und vor allem muss der Hund sich in seiner Arbeitsumgebung wohlfühlen. Während es einerseits wichtig ist, die einzelnen Übungen des Trainingsplans in der richtigen Abfolge zu trainieren, ist es andererseits unsinnig, den Hund unter Druck zu setzen, wenn er gestresst ist und / oder Ersatzhandlungen zeigt. Wenn der Hund nicht am Lernen interessiert ist, machen Sie eine Pause und erlauben ihm, seine Spannung in freier Bewegung abzubauen. Dann beginnen Sie neu, aber machen kleinere Schritte und bauen langsam darauf auf. Wenn ein Hund solche Pausen braucht, werden sie sich später auszahlen und auf lange Sicht dafür sorgen, dass das Training in die richtige Richtung läuft. Wenn Sie einen Hund drängen, dem gerade nicht nach Trainieren ist, verderben Sie die gesamte Trainingssitzung, die Trainingsumgebung und möglicherweise den gesamten Prozess. Wenn der Hund verwirrt oder gestresst ist, wird er Meideverhalten zeigen (siehe Terminologie). Achten Sie also immer auf die Körpersprache Ihres Hundes und beenden Sie ggf. die Trainingssitzung.

Bei mir steht in jeder Trainingseinheit immer ein Napf Wasser bereit. Wenn der Hund trinken möchte, hindern Sie ihn nicht daran. Viele Hühnchen- oder Käsestückchen zur Belohnung zu bekommen kann schonmal den Mund austrocknen.

Wenn man einmal darüber nachdenkt, sind fünfzehn Tage ja wirklich nicht viel, um sie in konzentrierte Trainingsarbeit zu investieren. Und dennoch sind sie erwiesenermaßen ausreichend, um einen durchschnittlichen Hund, der noch nichts über Geruchsunterscheidung weiß, auf seinen ersten Zielgeruch zu prägen. Trotzdem muss das Lernen im Tempo des Hundes stattfinden! Fünfzehn Tage sind ein erreichbares Ziel, aber wenn Sie sechzehn, siebzehn oder noch länger brauchen, weil dies das Tempo Ihres Hundes ist, dann ist das absolut in Ordnung.

Machen wir uns also auf den Weg!

Terminologie

Es gibt eine Vielzahl von Begriffen, die in der Hundeszene genutzt werden, aber selten einheitlich verwendet werden. Zum Beispiel wird die Konditionierung eines Hundes auf einen Clicker unter anderem als „Überbrücken", als „Prägung" oder als „Aufladen" bezeichnet. Der Begriff „Prägung" wird in diesem Arbeitsbuch dahingehend verstanden, einen Hund so zu konditionieren, dass er auf einen Zielgeruch reagiert. Zusätzlich verwenden einige auch den Begriff „Verstärker" und wieder andere nenne den Vorgang „Belohnung". Für dieses Arbeitsbuch werde ich Belohnung als Grundlage von Verstärkung nutzen. Um Ihnen dabei zu helfen, wie die Begrifflichkeiten in diesem Arbeitsbuch zu verstehen sind, füge ich das folgende Glossar an:

Belohnung	Eine Belohnung ist ein Verstärker, der für den Hund angenehm ist (siehe Verstärker).
Bestechung	Bei einer Bestechung wird dem Hund die Belohnung gezeigt, um sein Verhalten zu beeinflussen.
Clicker	Meist eine kleine Plastikbox mit einem Metallstreifen, der beim Drücken ein „Click"-Geräusch macht.
Fortschrittskontrolle	Die Fortschrittskontrolle beschreibt ein Zwischenziel im Training, das der Hund erreicht haben muss, um im Trainingsplan voranzugehen.
Geruchsbehälter	Der Geruchsbehälter wird speziell für das Training von Gerüchen verwendet. Er wird auf dem Trainingsgelände aufgestellt, damit der Hund ihn absuchen kann. Dabei enthält er entweder den Zielgeruch oder einen Störgeruch oder er ist leer (siehe Nullbehälter).
Geruchserkennungstest (Odor Recognition Test, ORT)	Der Geruchserkennungstest (ORT) ist ein standardisiertes System, um die Fähigkeiten des Hundes in Bezug auf das Aufspüren und Anzeigen eines Zielgeruchs zu prüfen, während er Störgerüche ignoriert. Die Mehrheit von Zertifikatsorganisationen nutzen dieses System.
Geruchsfahne	siehe Geruchskegel
Geruchskegel	Ein Geruchskegel bildet sich, indem sich die Geruchsmoleküle ausgehend von der Quelle bewegen. Der Geruchskegel wird von einem Luftstrom ausgelöst und formt sich in Windrichtung.
Geruchsprägung	Der Prozess, mit dem der Hund auf einen Zielgeruch konditioniert wird.
Geruchswolke	Eine Geruchswolke bildet sich um den Zielgeruch, wenn es keine Luftbewegung gibt.

„Graues" Verhalten	Der Hund ist unsicher, was von ihm erwartet wird, und zeigt ein verwirrtes Verhalten, von dem er denkt, es könnte richtig sein, was es aber nicht ist.
Löschung	Wird ein Verhalten nicht mit einer Belohnung verstärkt, wird es seltener gezeigt.
Marker	Üblicherweise ein Geräusch, welches dem Hund signalisiert, dass er das Kriterium für ein Verhalten erfüllt hat und das eine Verstärkung (eine Belohnung) ankündigt.
Meideverhalten	Meideverhalten zeigt ein Hund, wenn er verwirrt oder gestresst ist. Das kann ein Kratzen, Lippenlecken, Abschnüffeln des Bodens oder jegliches Verhalten sein, das in dieser Situation aus dem Rahmen fällt.
Nullbehälter	Ein Nullbehälter ist optisch identisch mit dem Zielgeruchbehältnis, beinhaltet aber keinen Geruch und keine Objekte.
Richtungssignale	Richtungssignale beschreiben ein System, welches dazu verwendet wird, den Hund in einem Suchgebiet zu navigieren. Dabei signalisieren die Kommandos, dass der Hund während der Suche nach links, rechts, vom Hundeführer weg oder auf den Hundeführer zu laufen soll.
Trainingsplan	Ein systematischer Ansatz, um Verhalten mittels eines schriftlichen Plans zu trainieren.
Überbrücken	Bei dieser Methode wird eine Verbindung zwischen dem Marker und der Belohnung hergestellt. Man kann hierbei auch vom Aufladen des Clickers, der Konditionierung des Clickers oder der Prägung auf den Clicker sprechen.
Überprüfung	Zur Überprüfung wird Verhalten in unterschiedlichen Situationen und Umgebungen abgefragt, um dem Hund zu ermöglichen, sein Verhalten in zahlreichen Kontexten zu generalisieren.
Variable Verstärkung	Die variable Verstärkung ist ein System, das ich verwende, um dem Hund für jedes erfolgreiche Zeigen eines Verhaltens eine Belohnung zu geben. Der Hund weiß dabei nie, welche Belohnung er erhalten wird. Zum Beispiel bekommt er manchmal Futter, manchmal ein Lob oder einen Ball.
Verleitungsgeruch	Ein Geruch (oder ein Objekt), welcher/s als Ablenkung während der Prägungsphase verwendet wird und nicht der Zielgeruch ist.
Verstärker	Ein Verstärker ist etwas, das ein Verhalten stärkt (siehe Belohnung).
Zielgeruch	Der Zielgeruch ist derjenige Geruch, den der Hund finden und anzeigen soll.

KAPITEL I

Wie Sie dieses Buch benutzen sollten

„Wenn du es einem Sechsjährigen nicht erklären kannst, dann hast du es selbst nicht verstanden." – Albert Einstein

Dieses Buch teilt sich in eigenständige Kapitel auf. Jedes Kapitel beschreibt dabei ein spezifisches Thema im Prozess der Prägung auf einen Zielgeruch. Womöglich erscheinen Ihnen einige Abschnitte in diesem Arbeitsbuch, etwa zum Thema Clickertraining oder auch zur Wahl der Belohnung, als „alte Hüte". Dennoch empfehle ich, alles zu lesen, um meiner Methodik gut folgen zu können. Man weiß nie, ob man nicht doch etwas dazulernen kann, was für das eigene Training hilfreich sein könnte.

Eins meiner Ziele beim Schreiben dieses Buchs war: Weniger ist mehr. Es sollte ein echtes Arbeitsbuch zur Geruchsprägung werden, das gleich zur Sache kommt und enthält deshalb weder ausschweifende Erklärungen zum Geruchssinn des Hundes noch zum Lernverhalten allgemein oder zu Vor- und Nachteilen unterschiedlicher Trainingsmethoden. All das finden Sie ausführlich anderswo in guten Fachbüchern beschrieben. Auch habe ich auf viele Farbfotos verzichtet, um das Buch und die Trainingsschritte klar und übersichtlich zu halten. Dafür finden Sie zu den meisten Lektionen QR-Codes zu kurzen Videosequenzen, die viel besser als jedes Foto veranschaulichen, worum es jeweils geht.

Für die Kapitel, die sich auf das Training konzentrieren, sind Trainingspläne enthalten. Diese Trainingspläne führen Sie durch jeden Schritt im Trainingsprozess. Was Sie Ihnen nicht sagen, ist, wie genau Sie einen Schritt trainieren MÜSSEN. Ich werde Ihnen meine Methoden und Anleitungen anbieten, aber am Ende sind Sie es, die den vor Ihnen stehenden Hund trainieren und in der Lage sein müssen, jeden Schritt an die individuelle Situation anzupassen.

Trainieren Sie immer den Hund, der vor Ihnen steht

Im Jahr 2020 hatte ich den Auftrag, acht Spürhunde für ein Forschungsprojekt auszubilden. Darunter waren sieben Pointer und ein Labrador. Alle waren von einer Bundesbehörde adoptiert worden, da sie die Ausbildung als Spürhunde für die Flughafensicherheit nicht bestanden hatten und daher nicht für das Programm ausgewählt worden waren. Einer der Pointer, der zufällig auch zu meinem Lieblingshund wurde, war sehr sensibel im Training. Er zeigte Meideverhalten, sobald er unsicher wurde und wurde panisch, wenn er eine Aufgabe nicht verstand. In seinem Fall musste ich vom ursprünglichen Trainingsplan abweichen und mit kleineren Schritten als bei den anderen Hunden vorgehen. Aber sobald ich so vorging und ihm zeigte, was zu tun war, beschleunigte er sein Lerntempo und verstand die Aufgaben viel schneller. Er war außerdem ein Hund, der wenig bis gar kein Interesse an Futter als Belohnung hatte. Deshalb nutzte ich meistens einen Ball für das Training mit ihm. In der Regel führt dies dazu, dass weniger Wiederholungen trainiert werden können. Zum Glück genoss er es aber, den Ball einfach nur zu halten sowie gestreichelt und gelobt zu werden. Das ist nur ein Beispiel dafür, dass jeder Hund ein Individuum ist und wir unsere Trainingspläne manches Mal so anpassen müssen, um am Ende das Ziel zu erreichen.

Und das ist auch gut so! Es gehört dazu, um ein guter Trainer zu sein. Sie müssen in der Lage sein, den vor Ihnen stehenden Hund einzuschätzen und diejenigen Trainingsschritte zu entwickeln, die seinen individuellen Bedürfnissen gerecht werden, anstatt nur blind einem Plan zu folgen.

Wie dieses Buch aufgebaut ist

Die Reihenfolge der Kapitel lehnt sich an die Schritte im Trainingsplan an. Dabei baut jeder Schritt auf dem vorherigen auf. Sie können Ihren Hund zwar schon mit dem Clicker bekannt machen, während Sie parallel die Geruchsmaterialen beschaffen, aber Sie können in meinem System nicht mit der Prägung auf den Geruch starten, bevor Sie nicht den Clicker konditioniert haben. Um Ihnen bei der Visualisierung des Prozesses zu helfen, habe ich einen Fahrplan des Trainingsprogramms eingefügt.

Dies ist ein Arbeitsbuch und es soll auch als ein solches verwendet werden – markieren Sie Sätze, Absätze oder ganze Abschnitte, die sich für Sie nicht stimmig anfühlen. Machen Sie sich Notizen an den Seitenrändern und schreiben Sie Ihre Gedanken auf, während Sie fortschreiten.

Zusätzlich habe ich am Ende eines jeden Kapitels Platz für Notizen eingefügt, damit Sie alles aufschreiben können, was nach Ihrem Gefühl festgehalten werden sollte.

In all meinen Trainingsprogrammen gehe ich von 15 Tagen für den Prägungsprozess aus. Meine Kriterien sind, dass der Hund am Ende der 15 Tage einen Zielgeruch verstanden hat und darauf mit dem gewünschten Verhalten reagiert. Natürlich sind Hunde Lebewesen und keine Maschinen, und es wird diejenigen geben, die das Training in kürzerer Zeit absolvieren und diejenigen, die ein bisschen länger brauchen. Es wird auch solche geben, die das Ziel niemals erreichen werden. Um dabei zu helfen, die definierten Kriterien zu erreichen, verwende ich Fortschrittskontrollen, bei denen der Hund anhand einer Reihe von Standards bewertet wird. Damit soll sichergestellt werden, dass er diese erreicht, bevor ich mit den nächsten Schritten weitermache.

Wenn der Hund jedes Aufgabenkriterium erfüllt hat, geht es zum nächsten Schritt über. Wenn der Hund das Kriterium nicht erreicht, wird er zurückgesetzt, um den vorherigen Schritt erneut zu trainieren. In diesem Arbeitsbuch finden Sie Fortschrittskontrollen, bevor Sie von einem Schritt zum nächsten weitergehen.

Also nutzen Sie die Schritte in diesem Arbeitsbuch. Verwenden Sie die Fortschrittskontrollen und seien Sie beherzt und kritisch in Ihren Einschätzungen. Denn dies wird am Ende Ihnen und Ihrem Hund zugutekommen.

Auf der nächsten Seite finden Sie eine Übersicht, die Ihnen einen Fahrplan bietet, dem Sie folgen können. Sie zeigt Ihnen, welche Aufgaben zeitgleich erledigt werden können und welche unabhängig voneinander sind.

Machen Sie sich keine Sorgen, wenn einige Aspekte länger dauern sollten, zum Beispiel, wenn Sie Ihren Zielgeruch bestellen und er nicht ankommt, bevor die Konditionierung auf den Clicker abgeschlossen ist. Aber Sie sollten nicht weitermachen, solange die vorherige Aufgabe auf Ihrem Fahrplan noch nicht vollendet ist.

Am Ende einer jeden Aufgabe steht die Fortschrittskontrolle. Diese Kontrolle sollte anhand der Kriterien und der aufgezeichneten Trainingsergebnisse durchgeführt werden. Es ist ein einfaches Prüfinstrument, um zu bewerten, ob man weiter voranschreiten sollte oder eben nicht. Keine komplexe Mathematik. Ihr Hund kann entweder den Standard erfüllen oder nicht.

Ich habe am Ende eines jeden Trainingsplans einen Abschnitt eingefügt, in dem Sie die Ergebnisse der Fortschrittskontrolle festhalten können oder etwas Eigenes erstellen können.

Dieses Arbeitsbuch ist so konzipiert, dass es auf der Seite, an der Sie gerade arbeiten, geöffnet und flach auf eine Oberfläche gelegt werden kann, sodass Sie die einzelnen Schritte sehen können, ohne sie ständig öffnen oder Seiten umblättern zu müssen. Nachfolgend finden Sie ein Beispiel für einen Trainingsplan einschließlich Übersicht, Schritten hin zum Erfolg und einer Fortschrittskontrolle. Während einige Aspekte durch ihre Überschrift offensichtlich sind, empfehle ich Ihnen dringend, den Trainingsplan von Anfang bis zum Ende durchzulesen, bevor Sie das Training mit Ihrem Hund beginnen.

Fahrplan

Aufgabe	Tag														
	1	2	3	4	5	6	7	8	9	10	11	12	13	14	15
Zielgeruch besorgen															
Vorrat aufbauen															
Belohnungs auswahl	Lektion 1+2														
Clickertraining		Lektion 3	Lektion 3	Lektion 4											
Locken ins Sitz			Lektion 5	Lektion 6											
Anzeigetraining					Lektion 7	Lektion 7	Lektion 8	Lektion 9	Lektion 10						
Geruchsprägung										Lektion 11	Lektion 12	Lektion 13	Lektion 1	Lektion 15	Lektion 16

Trainingsplan Beispielstunde

<table>
<tr><th colspan="4">Übersicht der Stunde</th></tr>
<tr><td rowspan="2">Trainingssitzung</td><td rowspan="2">Dieser Abschnitt beschreibt die jeweilige Trainingssitzung oder -einheit.</td><td>Tag</td><td>1</td></tr>
<tr><td>Lektion</td><td>1</td></tr>
<tr><td>Ausrüstung</td><td colspan="3">In diesem Abschnitt wird die für die Durchführung des Trainings erforderliche Ausrüstung beschrieben.</td></tr>
<tr><td>Ort</td><td colspan="3">Dieser Abschnitt beschreibt den Trainingsort.</td></tr>
<tr><td>Trainingsdauer</td><td colspan="3">Dieser Abschnitt enthält Hinweise zur Dauer des Trainings.</td></tr>
<tr><td>Ziel</td><td colspan="3">In diesem Abschnitt wird das Ziel der Trainingseinheit beschrieben.</td></tr>
<tr><td>Zwischenziele</td><td colspan="3">Dieser Abschnitt listet die Trainingsschritte auf, die in dieser Sitzung erreicht werden sollen.</td></tr>
<tr><td>Voraussetzung für die Lektion</td><td>Hier wird die vorherige Lektion aufgeführt, die abgeschlossen sein muss, bevor das Training beginnt.</td><td>Voraussetzung: Lektion Nr.</td><td>1</td></tr>
<tr><td>Vorbereitungen</td><td colspan="3">In diesem Abschnitt wird der Aufbau des Trainings beschrieben.</td></tr>
<tr><td colspan="2">Anmerkungen

Hier können Sie eigene Notizen zum Training machen, die Ihnen für die weitere Arbeit nützlich sein können.</td><td colspan="2">Ein schneller Blick</td></tr>
</table>

Hier befindet sich ein QR-Code, den man mit einem Mobilgerät einscannen kann. Er ist mit einem kurzen Video verlinkt, dass das Trainingskonzept demonstriert. Das Video zeigt nicht die gesamte Trainingsstunde.

Trainingsschritte	
Schritt	**Handlung**
Die Schritte bauen aufeinander auf und müssen in ihrer Reihenfolge absolviert werden.	Dieser Abschnitt beschreibt im Einzelnen die nötigen Schritte, um die Trainingseinheiten auszuführen, aus denen der Fortschrittsplan gebaut wird.

Fortschrittsplan			
Aufgabe Nr.	**Zwischenschritt**	**Beschreibung**	**Anzahl Belohnungen / Clicks**
Dieser Abschnitt beschreibt die Aufgabennummer.	In diesem Abschnitt wird die Nummer des Zwischenschritts festgehalten.	Dieser Abschnitt fasst das Training für jeden Zwischenschritt zusammen.	In diesem Feld wird die Anzahl der Wiederholungen eingetragen.

Fortschrittskontrolle	
In diesem Abschnitt werden die Verhaltenskriterien beschrieben, die es vom Hund zu erfüllen gilt, um mit der nächsten Lektion fortzufahren.	Ja / Nein
Für den Fall, dass der Hund die zuvor aufgeführten Kriterien nicht erfüllen kann, wird hier festgelegt, welchen Trainingsschritt es zu wiederholen gilt.	

Ausrüstung

Jeder Trainingsplan beinhaltet eine Auflistung, welches Trainingsmaterial für die entsprechende Stunde benötigt wird. Da es sich hier jedoch um ein Arbeitsbuch handelt, das darauf abzielt, eine Geruchsprägung innerhalb von nur 15 Tagen zu erreichen, finde ich es wichtig, schon früh im Trainingsprozess eine solche Liste zu erstellen. Auf diesem Weg haben Sie die Möglichkeit (schon jetzt) alles zu bestellen, was Sie (später) benötigen. Sie müssen also nicht mit dem Training pausieren, während Sie auf eine Lieferung warten.

Was Sie im Einzelnen benötigen, hängt vom Zielgeruch ab, den sich daraus ergebenden Lager- und Handhabungsanforderungen und davon, welche Ausrüstung Sie gegebenenfalls bereits besitzen. Als Richtlinie finden Sie hier eine Liste mit Vorschlägen speziell für das Training zur Geruchsprägung:

- CLICKER – Jede Art von Clicker ist in Ordnung – oder jeder andere Marker, den Sie verwenden möchten.
- KONG – Diesen gilt es als Geruchsträger in kleinere Stücke zu zerschneiden und separat vom Kong als Belohnung (falls Sie diesen nutzen) aufzubewahren.
- DECKEL – Dies kann z.B. der Plastikdeckel einer kleineren Flasche oder auch einer Milchflasche sein.
- LECKERCHEN – Eine Mischung aus kommerziellen und frischen Hundeleckerchen (Kekse, Käse, Sandwichfleisch, etc.).
- EINWEGHANDSCHUHE – Dieses Thema wird im Kapitel über die Lagerung und Handhabung der Gerüche näher beschrieben.
- AUFBEWAHRUNGSBEHÄLTNISSE – Dies können zum Beispiel Einmachgläser, große medizinische Töpfe, Durckverschlussbeutel und Munitionsdosen sein.
- GERUCHSBEHÄLTNISSE – Dies könnten zum Beispiel Einmachgläser, Gewürzstreuer, Salzstreuer aus Glas und Training Aid Detection Devices (TADDs) sein.

- Sie können Gewürzstreuer aus rostfreiem Stahl mit Drahtgewebe oder Deckel mit Löchern im Internet für jeweils ein paar Euro erwerben. Diese funktionieren perfekt. Ich habe auch schon mal Einmachgläser mit einem zusätzlichen Drahtgewebe anstelle eines Schraubdeckels aus Metall genutzt oder auch selbst Löcher in den Deckel gebohrt.

- Das Training Aid Delivery DeviceTM (TADD) wurde speziell dazu entwickelt, das Training und die Arbeit mit Spürhunden zu unterstützen. Die Behälter können in vier verschiedenen Größen und aus Glas oder Plastik gekauft werden. Sie stellen dabei die Aufbewahrung von verschiedenen Duftproben sicher, während die Moleküle des Zielgeruchs durch eine spezielle Membran freigesetzt werden. Das TADD kann Flüssigkeiten, kleine Partikel und auch gefährliche Stoffe aufbewahren. Das System wurde auch in Versuchen mit Covid-19-Spürhunden geprüft. Der Deckel enthält eine gasdichte und chemikalienbeständige Dichtung, welche eine wasser- und geruchsabweisende Membran beinhaltet. Zudem gibt es ein Sicherheitsgitter zum Schutz der Membran und der Inhalte vor den Hunden. TADD's und Edelstahlstreuer sind in Europa erhältlich auf der Internetseite von Simon Prins ACT! www.simonprins.com.

TADD-Behälter wurden eigens für die Spürhundearbeit entwickelt und besitzen eine spezielle Membran im Deckel.

KAPITEL 2

Die Auswahl der Belohnungen

In diesem Kapitel beginnen wir mit dem Trainingsprozess. Die Wahl der passenden Belohnung steht gleich am Anfang, wenn ich einen Hund in ein Trainingsprogramm einführe. Diese Auswahl geschieht mittels einer kurzen, einfach zu befolgenden Aufgabe, die im Trainingsprozess und auch darüber hinaus beliebig oft wiederholt werden kann. Ich ermutige Sie, die Übung in Ihr Training zu implementieren, genau wie z. B. Gehorsamsübungen, Richtungs- und Suchtraining. Auch ist es eine großartige Einstiegsübung, wenn Sie an einem Gruppentraining teilnehmen, denn es veranschaulicht die Individualität eines jeden Hundes. Während Sie testen, welche Belohnung Ihr Hund bevorzugt, stellen Sie möglicherweise fest, dass er sogar andere Lieblingsbelohnungen hat, als Sie es ursprünglich vermutet haben. Diese Übung beendet das Rätselraten und kann Ihr Training aufwerten. Beachten Sie die Prinzipien für beschleunigtes Lernen:

1. Die Belohnung ist von hohem Wert.

2. Die Belohnung folgt unmittelbar auf das Verhalten.

3. Verhalten wird stetig belohnt.

Mehr zum zweiten und dritten Prinzip folgt später. In diesem Kapitel befassen wir uns mit dem ersten Prinzip, dass Belohnung von hohem Wert ist.

Warum ist der Abschnitt über Belohnungen wichtig?

Vor vielen Jahren, als ich mit der Hundeausbildung beim Militär began, sagte mir der Ausbilder im Basiskurs, dass nur schlechte Trainer (ich verwende diesen Ausdruck noch freundlich im Vergleich zu dem, was er zu mir sagte) Futter bei der Hundeausbildung nutzen. Als der junge achtzehnjährige Soldat, der ich war, wollte ich unbedingt ein großartiger Hundetrainer sein. Also befolgte ich den Rat meines Sergeants und verzichtete auf Futter bei der Ausbildung. Damals haben wir auch nie Spielzeug zur Belohnung eingesetzt. Das Training war rau. Wenn ich heutzutage darauf zurückblicke, machten wir es uns selbst schwer. Etwa 15 Jahre danach startete das Minenspürhundeprojekt, von dem ich bereits berichtet habe. Dort fing ich damit an, Clicker und auch Futterbelohnungen zu verwenden. Mir wurde klar, wie viel Zeit ich mit dem bisherigen „Hau-Ruck-Training"-Training verschwendet hatte.

Viel zu oft wählen Menschen Belohnungen nach ihren eigenen persönlichen Vorlieben aus. Vielleicht haben sie diese bei anderen Trainern gesehen oder haben diese Belohnung bereits bei anderen Hunden eingesetzt. Oder vielleicht greifen sie etwas im Regal einer Tierhandlung, weil sie denken, dass dies eine Belohnung für den Hund sein könnte. Was auch immer der Grund ist, es kann sein, dass der Hund keine Möglichkeit hatte, sich selbst eine Belohnung zu suchen, die ihm gefällt. Der Hund jagt einem Ball hinterher. Aber mag er den Vollgummiball genauso gern wie zum Beispiel einen Kong oder einen Tennisball? Was wäre, wenn Sie Ihrem Hund sein Lieblingsspielzeug als Belohnung für ein hervorragendes Verhalten, das er gerade gezeigt hat, geben würden? Die Lerntheorien sagen uns, dass der Hund das Verhalten dann eher wiederholen wird, wenn die Belohnung für ihn von hohem Wert ist. Daher beschleunigen wir das Lernen, indem wir das Lieblingsspielzeug immer dann einsetzen, wenn das gezeigte Verhalten herausragend war. Ist das nicht genau das, was wir im Training erreichen möchten? Die Belohnung muss für den Hund auch wirklich belohnend sein! Sie können das Verhalten durch korrektes Belohnen beeinflussen. Eine hochwertige Belohnung trägt dazu bei, Lernen zu beschleunigen und die Motivation im Training aufrecht zu erhalten. Auf gleiche Weise können Sie die Motivation aber auch senken, indem Sie niedrigwertige Belohnungen einsetzen. Manchmal kann dies ein Vorteil sein: Als ich zum Beispiel auf der Lackland Air Force Base des US-Militärs trainierte, der Heimat der Military Working Dog School des Verteidigungsministeriums, bekamen wir Malinois mit sehr hohem Trieb. Wenn Sie versuchen würden, diese mit einem roten Kong zu trainieren, wären sie zu übererregt und nicht ausgeglichen genug, um zu lernen. Ihre Aufregung wäre so groß, dass sie zeigen würden, was wir im Englischen gern „roten Nebel" nennen, ein Begriff, der so viel wie Kontrollverlust oder eingeschränktes Urteilsvermögen bedeutet – dies macht das Training der Hunde sehr schwierig. Also kaufte ich bei einer bekannten amerikanischen Ladenkette günstige, schwere, Bälle aus Vollgummi. Diese waren für die Malinois nicht so hochwertig und wir konnten sie damit auf einem Erregungslevel halten, auf dem wir trainieren konnten. Die Hunde haten genug Antrieb, um den Ball als Belohnung anzunehmen, aber er war nicht so hochwertig, dass sie zu sehr aufdrehten.

Hierarchie der Belohnungen

Die erste Phase bei der Auswahl von Belohnungen besteht darin, herauszufinden, welche Belohnung der Hund auch wirklich als belohnend empfindet. In der zweiten Phase wird eine Hierarchie dieser Belohnungen aufgestellt. Diese können dann beim Training effektiv eingesetzt werden, und zwar sowohl beim Lernen von Neuem als auch dazu, um bereits Gelerntes aufzufrischen.

Ich möchte gerne, dass meine Hunde sowohl Futter als auch Spielzeug als Belohnung akzeptieren und führe deshalb eine Auswahl für beide Arten von Belohnungen durch.

Vergessen Sie jedoch nicht, dass auch Ihre Stimme und körperliches Lob genauso belohnend, wenn nicht sogar lohnender sein können. Unabhängig davon, ob ich ein Spielzeug oder Futter als Belohnung einsetze, werde ich den Hund auch verbal loben und ihn physisch belohnen. Manchmal verwende ich nur ein Lob oder eine körperliche Belohnung, manchmal beides oder ich füge auch Futter, Leckerlies oder ein Spielzeug hinzu. Seien Sie in Ihrem Belohnungsplan nicht vorhersehbar und verwenden Sie verschiedene Belohnungen, um das Verhalten zu beeinflussen.

Jetzt habe ich viel über Spielzeuge als Belohnungen gesprochen, aber auch Futter kann genauso belohnend sein. Aber genau wie bei Spielzeugen gilt es herauszufinden, welches Futter der Hund als belohnend empfindet. Ich nutze meist Käse, Hühnchen, Wurst, Sandwichfleisch und kleine Belohnungsleckerlies. Auch hier führe ich eine Auswahl durch, mische aber manchmal auch die Leckerlies in meiner Tasche, damit der Hund überrascht ist, was als Belohnung herausgezogen wird. Allerdings gibt es auch Hunde, die bestimmte Leckerlies ausspucken. Was bringt es also, diese dem Hund im Training anzubieten, er sie nicht mag? Die Leckerlies sind eindeutig nicht belohnend und verstärken dementsprechend auch nicht das Verhalten. Das Lernen wird in diesem Fall sicherlich nicht beschleunigt.

Ziel ist es, eine Belohnungshierarchie aufzubauen. Wir verwenden die hochwertigste Belohnung in der Hierarchie als „Jackpot". Der Jackpot ist außergewöhnlichen Lernpunkten vorenthalten – jenen herausragenden Verhaltensweisen, die uns innerlich zum Lächeln gebracht haben und um den Hund für eine gut gemachte Arbeit zu belohnen.

Die nächsthöhere Belohnung in der Hierarchie kann dann für das routinemäßige Training verwendet werden. Es ist wichtig, ein ausgewogenes Training zu ermöglichen und den Hund zu belohnen, ohne ihn zu überreizen oder all seine Belohnungswünsche zu befriedigen.

Die dritthöchste Belohnung in der Hierarchie nutze ich gern für das Training, um bereits Gelerntes aufzufrischen. Manchmal jedoch vermische ich es auch miteinander, sodass der Hund niemals genau weiß, welche Belohnung er bekommen wird. Es sei denn, er leistet etwas Außergewöhnliches, dann weiß er, dass er immer seine Lieblingsbelohnung für seine großartige Arbeit erhalten wird.

Belohnungspyramide

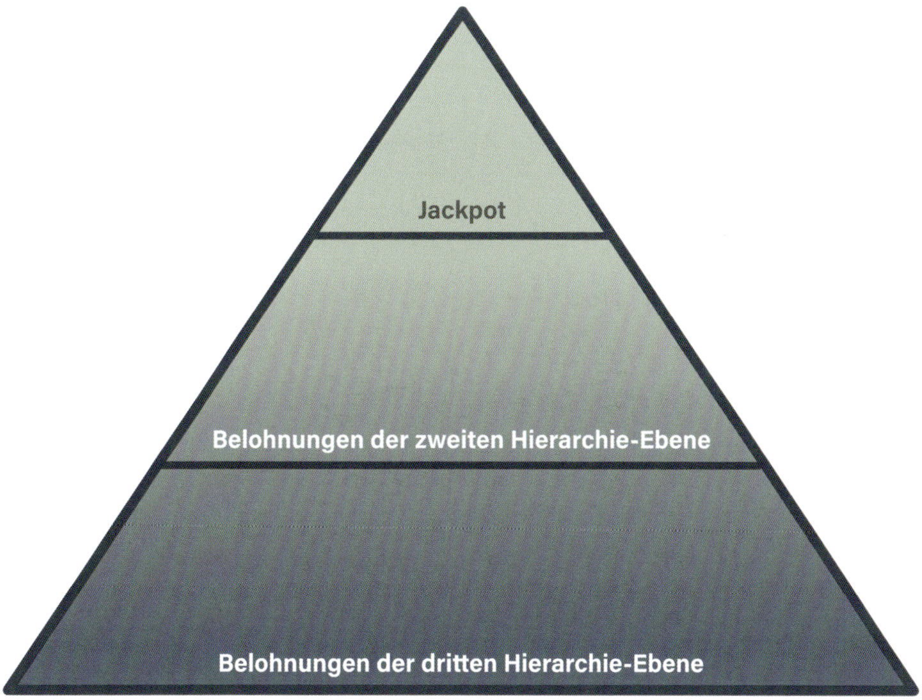

Einsatz variabler Belohnungen

Ich setze gern variable Belohnungen ein. Diese Technik verwende ich womöglich etwas anders, als Sie sie kennen. Aber so funktioniert es für mich am besten. Der Einsatz variabler Belohnungen beginnt bereits bei der Prägung auf den Geruch und setzt sich im Leben des Hundes fort. Der Hauptgrund, weshalb ich variable Belohnungen einsetze, ist, dass der Hund während der Umwelt- und Naturschutzarbeit eine Vielzahl von Funden an einem einzigen Tag macht.

Als Beispiel hatten mein Hund und ich einmal 183 bestätigte Funde an einem einzigen Tag! Stellen Sie sich vor, den Hund 183 Mal mit seinem Spielzeug zu belohnen. Das arme Tier wäre sehr müde und vermutlich schon nach dem achten Fund übersättigt mit Belohnungen. Aus diesem Grund variiere ich die Belohnungen, aber belohne jedes Mal, wenn der Hund einen Fund hatte. Manchmal ist es ein Spielzeug, manchmal ein Leckerbissen oder manchmal auch ein verbales Lob. Aber der Hund bekommt jedes Mal etwas.

Mit diesem System kann ich Hundekekse nutzen und der Hund wird nicht müde vom Spielen als Belohnung. Es bedeutet auch, dass die Belohnung schnell verschwindet und wir schnell mit dem Training weitermachen können. Hin und wieder bekommt der Hund ein Spielzeug, aber er weiß nicht, welches das sein wird. Die zweit- und dritthöchste Belohnung in der Belohnungshierarchie kommt häufiger zum Einsatz als die hochwertigste Belohnung, also der „Jackpot". Dieser ist nur für eine außergewöhnliche Arbeit aufgespart.

Der Vorteil von Leckerlies in Bezug auf die Geruchsprägung ist, dass viele Wiederholungen in einer Trainingssitzung stattfinden können. Der Hund wird weitermachen, ohne dabei müde zu werden oder von der Belohnung übersättigt zu sein. Wir haben für eine Studie erfolgreich vierzig Durchgänge in Folge absolviert und die Hunde zeigten ohne Probleme gleiche Standards in Bezug auf ihr Such- und Anzeigeverhalten. Auch gibt es Situationen, in denen eine Belohnung den Hund in Gefahr bringen könnte, beispielsweise durch das Jagen einer Belohnung. Hier kann ich auch auf Futterbelohnungen zurückgreifen oder physisch / verbal loben. Der Hund frustriert hierdurch nicht und ist auch nicht verwirrt.

Warum ist variable Belohnung effektiv?

Als ich das Minensuchhundeprojekt entwickelt habe, entstand ein Dilemma hinsichtlich der Belohnung des Hundes während der operativen Suche. Die Hunde sollten drei Minen in einer Spur von 50 x 1 Meter suchen und anzeigen und dabei den Verunfallten bzw. die innerhalb des Minenfeldes befindliche Person innerhalb einer bestimmten Zeitvorgabe erreichen, um so einen sicheren, minenfreien Zugang zu ihr zu ermöglichen. In meiner Erinnerung waren es ungefähr 50 Minuten. Vor diesem Projekt wurde mir beigebracht, dass ein Hund jedes Mal belohnt werden muss, wenn er ein Ziel entdeckt. Würde man dies nicht tun, würde der Hund das Interesse verlieren und auf das nächste Ziel nicht mehr reagieren. Demnach würde also der Hund, wenn das Team eine Spur absucht und Minen lokalisiert, der Hund aber nicht belohnt wird, in dieser Suche nicht mehr auf die nächste Mine reagieren. Das war natürlich nicht akzeptabel und besorgniserregend. Ich beschloss also, die Hunde mit Futter statt wie üblich mit einem Tennisball zu belohnen, da mir eine Futterbelohnung inmitten eines Minenfelds etwas sicherer erschien. Das ergab Sinn! Als wir diese Technik zum ersten Mal ausprobierten, verwirrte mich, was ich beobachtete, denn es widersprach dem Trainingsansatz, der mir in den letzten 15 Jahren eingebläut worden war. Statt die Motivation der Hunde zu senken, wurde diese sogar verstärkt, wenn das Futter statt des Balls eingesetzt wurde. Wenn die Hunde wieder an die Arbeit gingen, konnte ich erkennen, dass sie intensiver in ihrem Suchverhalten waren und ich konnte ihr Schnüffeln regelrecht hören. Die Hunde arbeiteten weiter an noch anspruchsvolleren Aufgaben, nachdem sie den zweiten Zielgeruch gefunden hatten und reagierten auch noch auf den dritten, woraufhin sie mit einem Tennisball als Jackpot-Spielzeug belohnt wurden.

Zufällig wurde am Wochenende darauf ein Regimentsessen veranstaltet, also eine formelle militärische Veranstaltung. Ich saß neben einem ehemaligen Sergeant Major namens Alec Coull (Alec wird in diesem Buch nochmals auftauchen). Alec war zuvor Hundetrainer gewesen und auch während seiner Zeit als schottischer Infanterist war er eine große Persönlichkeit, die den ganzen Abend nur über Hunde sprechen konnte. Aber es war durchaus nicht die „zu meinen Zeiten waren die Hunde noch besser"-Art von Gesprächen, sondern ich spreche von tiefgründigen Unterhaltungen über das Training, wie ich sie liebe. Also erzählte ich ihm von meinen Erfahrungen. Er lächelte nur und sagte: „Partielle Belohnung!". Dann erklärte er mir das Konzept in einfachen Worten und warum es funktionierte.

Eine Anmerkung hierzu: Verwechseln Sie die Begriffe, die ich in diesem Buch verwende, nicht mit der Terminologie, die in anderen Ausbildungsbereichen verwendet wird. Einige nutzen den Begriff partielle Belohnung oder intermittierende Belohnung, wenn damit gemeint ist, den Hund nicht bei jeder korrekten Ausführung eines Verhaltens (oder auch nach einem Click / Marker) zu belohnen. Ich nutze den Begriff der partiellen Belohnung wie Alec damals. Allerdings beschreibe ich damit, dass nach jedem erfolgreichen Verhalten auch eine Belohnung erfolgt, aber mit verschiedenen Abstufungen der Wertigkeit in der Belohnung.

Ich werde nun mein Bestes geben, um Alec Coulls Bedeutung von diesem Begriff wiederzugeben – behalten Sie allerdings im Hinterkopf, dass ich jetzt zu diesem Zeitpunkt weder Schotte bin noch Whisky intus habe.

Stellen Sie sich vor, Sie gehen in eine Bar, Sie haben einen Euro in der Tasche und Sie wollen ein Bier. Sie sehen einen Spielautomaten in der Ecke stehen, die Lichter blinken und es wird Musik aus einem alten Film der 1980er Jahre gespielt. Sie wissen, dass der Spielautomat ein Weg wäre, um das zu bekommen, was Sie sich wünschen (genug Geld für ein Bier). Also wandern Sie hinüber, um den Jackpot zu knacken. Sie schauen auf die Walzen, die wie folgt aufgereiht sind:

Zitrone, Melone, Melone, Melone.

Wenn nur die drei Melonen beibehalten werden könnten und die erste Walze zur Melone werden würde, dann könnte man mit dem Gewinn fünfzig Flaschen Bier kaufen.

Sie setzen also Ihr Geld ein und die Walzen bleiben natürlich nicht stehen, aber Sie könnten trotzdem gewinnen. Sie drücken den Startknopf und die Walzen beginnen sich zu drehen. Nacheinander rasten sie ein:

Melone, Zitrone, Kirsche, Stern.

So knapp. Etwas enttäuschend. Aber Sie haben noch immer eine Chance. Also drücken Sie erneut auf Start:

Kirsche, Kirsche, Kirsche, Melone.

Großartig, das sind fünfzig Cent, die Sie gewonnen haben, und nun haben Sie insgesamt wieder einen Euro. Es ist nicht ganz das, was Sie wollten, aber immerhin etwas – UND in der Reihe über der Gewinnlinie steht:

Melone, Zitrone, Melone, Melone.

Und auf in der Reihe unter der Gewinnlinie steht:

Kirsche, Melone, Stern, Zitrone.

Wenn jetzt bloß diese vier Melonen einrasten würden. Es ist so nahe, und Sie haben ja auch schon etwas gewonnen. Also starten Sie den Automaten erneut:

Melone, Kirsche, Melone, Zitrone.

Und erneut:

Zitrone, Kirsche, Melone, Melone. Fast!

Und noch einmal:

Kirsche, Kirsche, Kirsche, Zitrone.

Wieder fünfzig Cent. Aber Sie haben es im Gefühl, beim nächsten Versuch knacken Sie den Jackpot. Also drücken Sie den Knopf und ... nichts. Aber in der nächsten Runde muss es einfach funktionieren! Start, nichts, Start, nichts, und Ihr Geld ist verloren. Spielautomaten nutzen das Prinzip der partiellen Belohnung und sie funktionieren, weil sie kleinere Belohnungen ausspucken, die uns „versprechen", dass der Jackpot bald kommt. Probieren Sie es einfach nur noch ein einziges Mal. Natürlich gewinnt am Ende immer der Spielautomat, obwohl Sie das „Ching Ching Ching"-Geräusch eines Gewinns so häufig hören können.

Genau das machen wir mit unseren Hunden beim Einsatz variabler Belohnung. Wir geben ihnen Kirschen und signalisieren ihnen, es erneut zu versuchen. Der Jackpot ist irgendwo da draußen. Also strengen sie sich noch mehr an, bekommen eine kleine Kirsche, aber wissen, dass der Jackpot erreichbar ist. Dann, hin und wieder, bekommen sie den Jackpot, und die ganze Mühe hat sich gelohnt.

Auswahl der Belohnung – Spielzeuge

Die Auswahl der Belohnungen ist unkompliziert und sollte nur 15 Minuten pro einstündiger Trainingseinheit einnehmen. Sobald der Hund das Spiel versteht, wird dieses noch weniger Zeit benötigen. Das hängt natürlich auch davon ab, wie lange Sie mit Ihrem Hund spielen, sobald er sich eine Belohnung ausgewählt hat (wir sprechen von Spielzeugen). Zuerst benötigen wir eine Vielzahl von Belohnungen: Kong, Gummiball, Tennisball, Zergel und Ball mit Seil (als Beispiel). Die Spielzeugauswahl basiert auf einigen Fakten, die es zu berücksichtigen gilt:

- Ist das Spielzeug für den Hund ungefährlich?
- Ist es zweckmäßig?
- Ist es ersetzbar?
- Ist es erschwinglich?
- Und auf der Ebene der Interaktion: Genießen auch SIE die Belohnung?

Ist das Spielzeug ungefährlich?

Es ist notwendig, die Sicherheit der Spielzeuge in Bezug auf Konstruktion und Größe zu berücksichtigen. Sie sollten beispielsweise keinen Tennisball für einen besitzergreifenden Malinois wählen. Der Hund wird sich an diesen Ball klammern, ihn kaputtbeißen und dann an den Überresten festhalten, als wäre es ein lange verlorener Knochen. Aber noch wichtiger: Es besteht die Gefahr, dass der Hund die Stücke verschlucken könnte.

Ist es zweckmäßig für das Training?

Als ich damit begann, Erdöl-Spürhunde zu führen, hatte ich eine Hündin (Kaye). Sie war eine große, vierzig Kilo schwere schwarze Labradorhündin, die ihren Kong liebte. Er war ihre Lieblingsbelohnung. Als sie von Trainingssituationen zu echten Sucheinsätzen wechselte (dazu später mehr), wollte ich ihr „Jackpot"-Spielzeug verwenden. So auch bei ihrem ersten Einsatz, einem Ölleck an einem Flussufer in Kanada. Für ihren allerersten Fund im Feld wollte ich sie also mit dem Jackpot belohnen und ich war total aufgeregt, als sie ihr Verhalten änderte und dem Duftkegel zur Quelle folgte. Als Kaye die Ölquelle erreichte, warf ich den Ball und stieß einen Freudenschrei aus. Natürlich war Kaye darauf konditioniert, die Geruchsquelle mit einem Sitz anzuzeigen und war es nicht gewohnt, mich jubeln zu hören, geschweige denn, dass ein Gummiball an ihr vorbeihüpfte. Also drehte sie sich um, um zu sehen, was die ganze Aufregung sollte. Der Ball traf die Quelle perfekt, aber er rollte weiter, denn es war ein Kong-Ball mit Sprungkraft. Leider befanden wir uns auf der abfallenden Seite eines Flussufers, und bevor Kaye den Ball zu fassen bekam, rollte er auch schon ins Wasser und war schnell außer Sicht. Das war das letzte Mal, dass wir den Ball zu Gesicht bekamen – und Kaye war mächtig verärgert über mich. Von diesem Tag an wählte ich nur noch Belohnungen aus, die für das Training geeignet waren. Denn es war nicht akzeptabel, dass jedes Mal, wenn ein Hund den Zielgeruch fand, seine Belohnung verlorenging. In diesem Fall konnten Kaye und ich uns darauf einigen, dass sie bei Suchen am Wasser einen orangefarbenen schwimmenden Kong oder einen großen Tennisball bekam!

Ist es ersetzbar?

Wir möchten, dass der Hund die Belohnung erhält, die er auch genießt. Aber dies ist manchmal nur eingeschränkt möglich. Wenn die Belohnung zum Beispiel nicht einfach ersetzt werden kann, dann kann ein Verlust ein echtes Problem sein. Beim Auswahlverfahren sollten Belohnungen genutzt werden, die ohne allzu große Mühe beschafft werden können.

Ich habe einmal einen Golden Retriever als Spürhund trainiert, der seinen blau-weiß marmorierten Kong über alles liebte. Doch eines Tages hatte ich den Kong nicht bei mir und belohnte stattdessen mit dem klassischen roten Kong. Der Golden reagierte zunächst instinktiv auf die Belohnung, nahm sie kurz in den Mund, ging dann aber direkt wieder zurück zur Geruchsquelle, um diese anzuzeigen. Ich fühlte mich wirklich schlecht, weil er auf seine Lieblingsbelohnung wartete, die ich aber nicht bei mir hatte. Ich glaube nicht, dass diese Art von Kong heute noch hergestellt wird, ich habe nie wieder einen solchen blau-weißen gesehen. Sie wurde durch den rosafarbenen für Welpen ersetzt. Lernen Sie also aus meinen Fehlern und trainieren Sie nicht mehr mit Belohnungen, die einzig in ihrer Art sind.

Ist es erschwinglich?

Wenn Sie es sich nicht leisten können, die Belohnungen häufig zu ersetzen, dann benötigen Sie etwas langlebiges, spielresistentes und nicht zu teures. Ich liebe Kong-Spielzeuge genau aus diesem Grund und finde, dass die Hunde Spaß mit ihnen haben. Es gibt eine große Vielzahl an Designs, Größen und Typen, sodass für jeden Hund etwas Passendes dabei sein sollte.

Die Interaktionsebene: Genießen auch SIE die Belohnung?

Die Belohnung ist nur ein Teil im Belohnungsprozess. Belohnungszeit sollte nicht nur aus einem „Belohnungsspender" (das sind Sie) bestehen. Ihre Einbindung am Belohnungsprozess hat wahrscheinlich genauso viel Bedeutung für Ihren Hund wie die Belohnung selbst. Wenn Sie also zum Beispiel eine Vorliebe für ein bestimmtes Spielzeug haben, dann werden Sie auch mehr Einsatz in die Belohnungsphase stecken und somit das Spielzeug noch bedeutender für Ihren Hund machen. Aber verstellen Sie sich nicht im Hinblick auf Ihr Belohnungsverhalten. Wenn Sie ihre eigenen Vorlieben haben, dann nehmen Sie dies an und fahren Sie so natürlich wie möglich fort. Sie können nämlich keine gespielte Motivation in Bezug auf eine spezifische Belohnung auf Dauer aufrechterhalten. Der Versuch, diese vorzutäuschen, wird dem Training auf lange Sicht abträglich sein. Wir müssen die Belohnung, die unser Hund genießt, und unsere Interaktion im Belohnungsprozess miteinander in Einklang bringen. Seien Sie einfach Sie selbst und lassen Sie den Hund lernen, wie Sie und er gemeinsam mit dem Spielzeug interagieren können.

Die Belohnung sinnvoll nutzen

Die Belohnung ist KEINE Bestechung. Wenn Sie dem Hund kontinuierlich die Belohnung zeigen müssen, um ein Verhalten hervorzurufen, dann haben Sie ihn bestochen. Das ist kein gutes Training, denn die Belohnung ist zu einem Signal für das Verhalten geworden und nicht zu einer Konsequenz, die auf das Verhalten folgt. Zum Teil werden Sie auch in diesem Trainingsprogramm Locken als Methode einsetzen, aber dies wird schnell ausgeschlichen. So wird das eigentliche Verhalten lohnend. Locken ist eine ausgezeichnete Trainingsmethode, um ein Konzept im Kopf des Hundes zu etablieren, muss aber so schnell wie möglich gestoppt werden. Das Verhalten wird dann zur Aktion, die belohnt wird und nicht durch Bestechung hervorgerufen wird. Auch wenn Sie Ihrem Hund die Belohnung zeigen müssen, damit er etwas tut, ist nicht alles verloren. Es ist nicht schwer, den Hund dahingehend umzuprogrammieren, dass Bestechung zur Belohnung wird.

Es hat keinen Sinn, eine Belohnung, besonders eine, die der Hund liebt, nicht zu verwenden. Das scheint eine seltsame Aussage zu sein, nicht wahr? Ich habe gesehen, wie Leute ihren Hund mit einem Spielzeug belohnten. Die Hunde kehrten stolz und glücklich zu ihren Besitzern zurück, nur damit diese die Spielzeuge aus dem Hundemaul rauszogen und wieder in ihre Tasche zurücksteckten. Und das habe ich mehr als einmal gesehen – also viel zu oft! Die Belohnung ist nicht nur das Spielzeug oder sogar eine Leckerei; es ist alles, was zur Belohnungsspielphase dazugehört. Es ist die Interaktion, verbales Lob, Streicheln und Schmusen, das Werfen für einen Apport. Es ist das Verständnis, dass Zahltag auch Zahltag bedeutet, aber eben auch dass die Belohnung, durch ein Spielzeug und / oder Futter und den Einsatz des Hundeführers, mitteilt, wie zufrieden Sie sind. Wenn Sie Ihren Hund belohnen, stellen Sie sicher, dass es für ihn auch das Beste ist, was passiert ist!

Die Bewertung der Belohnungen

Die Bewertung kann nur von einer Person durchgeführt werden. Eine Assistenz ist immer hilfreich, aber nicht erforderlich.

Ich führe die Bewertung gern in einem Raum mit minimalen Ablenkungen durch, damit der Hund sich gut auf die Übung konzentrieren kann. Sie können jeden Raum nutzen, in dem der Hund nicht von anderen Menschen, Tieren oder anderem abgelenkt wird. Denken Sie daran, dass wir die Belohnungsauswahl durchführen, um das Training zu beginnen. In einigen Fällen muss der Hund das Spiel erst lernen, bevor wir die gewünschten Ergebnisse erzielen. Wir versuchen nicht, die Umweltverträglichkeit des Hundes zu beurteilen, wir konzentrieren uns nur auf seine Auswahl der Belohnungen.

Der erste Schritt besteht darin, sicherzustellen, dass Ihr Hund die Belohnung versteht. Damit meine ich, dass Sie mit Ihrem Hund interagieren müssen und sicherstellen, dass er genau erkennt, was die Belohnung zu bieten hat. Der Hund sollte den Belohnungen nicht während des Auswahlverfahrens zum ersten Mal begegnen.

Die Belohnungszeit zwischen Ihrem Hund und Ihnen interaktiv zu gestalten ist wichtig. Führen Sie also Ihren Hund und haben Sie Spaß mit den Spielzeugen, die Sie während der Auswahl verwenden werden. Spielen Sie Fangen, zergeln Sie und erlauben Sie Ihrem Hund, das Spielzeug zu jagen und zu verstehen, wie lohnend es ist. Denken Sie daran, dass Sie für die Auswahl am besten mindestens fünf Spielzeuge verwenden sollten und konzentrieren Sie sich vorzugsweise auf die Art des Spielens, die Ihr Hund mag. Wenn Ihr Hund gerne jagt und apportiert, verwenden Sie Kong, Tennisbälle, Gummibälle, Quietschspielzeuge, etc. Wenn Ihr Hund gerne zergelt, dann verwenden Sie einen Kong an einem Seil, ein Seil oder einen Ball an einem Seil und so weiter.

Es gibt zwei Bewertungen: Spielzeug und Futter. Gehen Sie durch den Auswahlprozess, der zu Ihrem Trainingsplan passt oder, wenn Sie wie ich beide Belohnungsarten verwenden, dann absolvieren Sie beide.

Beschleunigtes Lernen durch Belohnungshierarchie

Indem Sie sicherstellen, dass Sie Belohnungen verwenden, die Ihr Hund genießt, schöpfen Sie von der Macht des belohnungsbasierten Trainings. Es reicht nicht aus, einfach ein Spielzeug zu greifen und es in den Einkaufskorb im Laden zu werfen. Achten Sie darauf, dass Sie sich genauso viel Mühe bei der Vorbereitung geben, wie Sie es auch beim eigentlichen Training zur Geruchsprägung tun. Jedes Prozent hilft, und die Auswahl von Belohnungen ist weit mehr wert als ein Prozent.

Führen Sie die Auswahl nicht nur einmalig durch und vergessen Sie sie dann wieder. Wiederholen Sie sie monatlich als Bestandteil Ihres Trainingsprogramms. Es ist nicht unüblich für einen Hund, seine Meinung zu ändern und die Hierarchie der Belohnungen ein wenig umzuschmeißen. Ändern Sie auch die verwendeten Belohnungen bei der Auswahl, indem Sie die beiden Belohnungen ersetzen, die bisher nicht vom Hund ausgewählt worden sind.

Denken Sie daran, dass Sie das Verhalten durch die Verwendung der Belohnungshierarchie verändern können. Entweder können Sie Ihren Hund ruhiger werden lassen oder die Motivation steigern.

Trainingsplan Lektion 1

<table>
<tr><th colspan="4">Übersicht der Stunde</th></tr>
<tr><td rowspan="2">Trainingssitzung</td><td rowspan="2">Bewertung der Spielzeug-Belohnungen</td><td>Tag</td><td>1</td></tr>
<tr><td>Lektion</td><td>1</td></tr>
<tr><td>Ausrüstung</td><td colspan="3">Mindestens fünf Belohnungen, mit denen der Hund zuvor bereits gespielt hat</td></tr>
<tr><td>Ort</td><td colspan="3">Innenraum mit minimaler Ablenkung</td></tr>
<tr><td>Trainingsdauer</td><td colspan="3">4x10 Minuten</td></tr>
<tr><td>Ziel</td><td colspan="3">Ermittlung der Belohnungshierarchie des Hundes</td></tr>
<tr><td>Zwischenziele</td><td colspan="3">▪ Auswahlverfahren der Spielzeugbelohnungen durchführen
▪ Belohnungshierarchie des Hundes ermitteln
▪ Eine Liste mit der Belohnungshierarchie des Hundes aufstellen</td></tr>
<tr><td>Voraussetzung für die Lektion</td><td>Keine</td><td>Voraus-setzung: Lektion Nr.</td><td>keine</td></tr>
<tr><td>Vorbereitungen</td><td colspan="3">▪ Der Hund sollte nicht im Raum sein, während die Auswahl aufgebaut wird.
▪ Bereiten Sie fünf zuvor ausgewählte Belohnungen vor, mit denen der Hund zuvor schon mal gespielt hat.
▪ Legen Sie die fünf Belohnungen auf den Boden zu einem losen Stapel.
▪ Stellen Sie sicher, dass die Belohnungen sich nicht bewegen (zum Beispiel ein rollender Ball).
▪ Nach jeder Auswahl entfernen Sie die ausgewählte Belohnung von dem Stapel.
▪ Wiederholen Sie den Auswahlprozess, um die Liste mit der Belohnungshierarchie zu etablieren.</td></tr>
<tr><td colspan="2">Anmerkungen</td><td colspan="2">Webinar zum Thema</td></tr>
</table>

Trainingsschritte	
Schritt	**Handlung**
1	Der Hund wartet außerhalb des Raums oder in einer Box.
2	Legen Sie fünf Spielzeuge auf den Boden.
3	Lassen Sie den Hund eintreten und stellen Sie sicher, dass er alle Spielzeuge sehen kann.
4	Erlauben Sie dem Hund, unangeleint zu den Spielzeugen zu gehen.
5	Hat der Hund ein Spielzeug ausgewählt, verlassen Sie mit ihm den Raum wieder und lassen sich das Spielzeug geben. (Spielen Sie in diesem Schritt noch nicht mit dem Spielzeug.)
6	Notieren Sie auf dem Bewertungsbogen, welches Spielzeug Ihr Hund ausgewählt hat.
7	Legen Sie das Spielzeug zu den anderen zurück, aber verändern Sie die Position aller Spielzeuge.
8	Wiederholen Sie den Prozess zwei Mal und notieren Sie wieder, welche Wahl Ihr Hund getroffen hat unter „Ausgewähltes Spielzeug".
9	Das Spielzeug, das der Hund am häufigsten gewählt hat, ist die „Jackpot"-Belohnung. Entfernen Sie dieses von dem Stapel.
10	Wiederholen Sie den Auswahlprozess mit den vier übrigen Belohnungen.
11	Nun haben Sie das zweitliebste Spielzeug in der Hierarchie ermittelt. Entfernen Sie auch dieses von dem Stapel.
12	Wiederholen Sie den Auswahlprozess mit den drei übrigen Belohnungen – nun haben Sie die drittliebste Belohnung in der Hierarchie ermittelt.

Aufzeichnungen der Spielzeug-Belohnungsauswahl*

	Ausgewähltes Spielzeug	Am häufigsten gewähltes Spielzeug
Durchgang 1		
Versuch 1		
Versuch 2		
Versuch 3		
Durchgang 2		
Versuch 1		
Versuch 2		
Versuch 3		
Durchgang 3		
Versuch 1		
Versuch 2		
Versuch 3		

Hierarchie	Spielzeug
Platz 1	
Platz 2	
Platz 3	

*Blanko-Formular zum Download und Ausdrucken:

Trainingsplan Lektion 2

<table>
<tr><th colspan="4">Übersicht der Stunde</th></tr>
<tr><td rowspan="2">Trainingssitzung</td><td rowspan="2">Die Bewertung der Futterbelohnungen</td><td>Tag</td><td>1</td></tr>
<tr><td>Lektion</td><td>2</td></tr>
<tr><td>Ausrüstung</td><td colspan="3">Acht Futterbelohnungen, die der Hund zuvor bereits kennengelernt hat</td></tr>
<tr><td>Ort</td><td colspan="3">Innenraum mit minimaler Ablenkung</td></tr>
<tr><td>Trainingsdauer</td><td colspan="3">4x10 Minuten</td></tr>
<tr><td>Ziel</td><td colspan="3">Ermittlung der Futter-Belohnungshierarchie des Hundes</td></tr>
<tr><td>Zwischenziele</td><td colspan="3">▪ Auswahlverfahren der Futterbelohnungen durchführen
▪ Futter-Belohnungshierarchie des Hundes ermitteln
▪ Eine Liste mit der Futter-Belohnungshierarchie des Hundes aufstellen</td></tr>
<tr><td>Voraussetzung für die Lektion</td><td>Spielzeug-Belohnungsauswahl (wenn zutreffend)</td><td>Voraussetzung: Lektion Nr.</td><td>1</td></tr>
<tr><td>Vorbereitungen</td><td colspan="3">▪ Bereiten Sie eine Variation von Leckereien in verschiedenen Behältnissen vor – eine Sorte Futter pro Behälter.
▪ Positionieren Sie die Behälter auf einem Tisch in Reichweite von einem Stuhl aus.
▪ Halten Sie zwischen den einzelnen Durchläufen feuchte Tücher bereit, um Ihre Hände reinigen zu können.</td></tr>
<tr><td colspan="4">Anmerkungen</td></tr>
</table>

Sobald Sie die Leckereien ausgewählt haben, die Sie für das Bewertungsverfahren verwenden möchten, bieten Sie dem Hund ein Stückchen von jeder Sorte an. Halten Sie das Leckerli in einer locker geschlossenen Hand und lassen Sie Ihren Hund daran riechen, bevor Sie ihm das Futter präsentieren. Nun, da der Hund das Futter wahrgenommen und dessen Wert verstanden hat, ist es Zeit, den Bewertungsprozess abzuschließen.

Trainingsschritte	
Schritt	**Handlung**
1	Wählen Sie acht verschiedene Leckereien aus, die Sie gern im Training verwenden wollen.
2	Wischen Sie Ihre Hände mit einem Feuchttuch sauber.
3	Halten Sie verschiedene Futtersorten in jeder Hand und lassen Sie Ihren Hund daran riechen.
4	Die Hand, der Ihr Hund mehr Interesse zollt, öffnen Sie und lassen ihn das Futter fressen.
5	Wiederholen Sie dies zwei Mal mit dem gleichen Futter in der gleichen Hand.
6	Das Futter, das mehr Aufmerksamkeit vom Hund bekommt, notieren Sie in Ihren Aufzeichnungen.
7	Wiederholen Sie den Prozess mit verschiedenen Leckereien.
8	Notieren Sie das Lieblingsfutter nach jedem abgeschlossenen Durchgang.
9	Am Ende haben Sie nur eine Leckerei übrig und konnten eine Futterhierarchie aufstellen.

Beispiel einer ausgefüllten Aufzeichnung einer Futterauswahl

In diesem Beispiel:

	Futter 1	Futter 2
Durchgang 1	Speck	Leber
Durchgang 2	Truthahn	Hühnchen
Durchgang 3	Käse	Salami
Durchgang 4	Wurst	Steak

	Ausgewähltes Futter
Durchgang 1	
Versuch 1	Speck
Versuch 2	Speck
Versuch 3	Speck

Speck

Durchgang 2	
Versuch 1	Truthahn
Versuch 2	Hühnchen
Versuch 3	Hühnchen

Hühnchen

Speck
Hühnchen
Speck

Speck

Durchgang 3	
Versuch 1	Käse
Versuch 2	Käse
Versuch 3	Käse

Käse

Durchgang 4	
Versuch 1	Wurst
Versuch 2	Steak
Versuch 3	Wurst

Wurst

Käse
Käse
Käse

Käse

Speck
Speck
Speck

Speck

Hierarchie	Futterbelohnung
1.	Speck
2.	Käse
3.	Wurst, Hühnchen

Wenn Sie möchten, können Sie die beiden drittplatzieren Leckereien ebenfalls bewerten. Ich finde jedoch, dass wenn Sie einmal an diesem Level angekommen sind, Ihr Hund alles annehmen wird.

Aufzeichnung der Futterauswahl*

In dieses Formular können Sie die beiden Leckereien notieren, die Sie in jedem Versuch verwenden – in vier Durchgängen jeweils zwei verschiedene, also insgesamt acht.

	Futter 1	Futter 2
Durchgang 1		
Durchgang 2		
Durchgang 3		
Durchgang 4		

	Ausgewähltes Futter
Durchgang 1	
Versuch 1	
Versuch 2	
Versuch 3	

Durchgang 2	
Versuch 1	
Versuch 2	
Versuch 3	

Durchgang 3	
Versuch 1	
Versuch 2	
Versuch 3	

Durchgang 4	
Versuch 1	
Versuch 2	
Versuch 3	

Hierarchie	Futterbelohnung
1.	
2.	
3.	

*Blanko-Formular zum Download und Ausdrucken:

Notizen

KAPITEL 3

Konditionierung auf den Clicker

„Die Art und Weise, wie die positive Verstärkung durchgeführt wird, ist wichtiger als deren Höhe oder Menge." – B.F. Skinner

Zunächst möchte ich die in diesem Arbeitsbuch verwendeten Begriffe „Clicker" und „Click" erläutern. Dabei kann der Begriff „Click" mit jedem beliebigen Marker ersetzt werden, den Sie verwenden möchten; eine Pfeife, ein Pfeifton, ein verbales „Ja"-Signal, etc. Im Kontext dieses Arbeitsbuches spielt es keine Rolle, was Sie verwenden, solange Sie konsequent darin sind. Aber aus Gründen der Kontinuität nenne ich es von jetzt an „Clicker". Wenn Sie also etwas anderes verwenden, dann streichen Sie beim Lesen einfach die Wörter „Click" und „Clicker" und ersetzen Sie sie durch Ihren Marker oder lesen Sie es einfach so, als stünde dort Ihr Marker.

Weiterhin gibt es verschiedene Bezeichnungen dafür, einen Hund auf einen Clicker zu konditionieren: prägen, aufladen, überbrücken, Konditionierung und, da bin ich mir sicher, auch noch andere. In diesem Arbeitsbuch werden die Begriffe „Brücke" oder „Brückensignal" und „überbrücken" verwendet.

Was ist Clickertraining?

Ich denke, kann aber nicht davon ausgehen, dass die meisten Leute wissen, was Clickertraining ist, wenn sie dieses Buch lesen. Daher wird dieses Kapitel für einige eine Wiederholung darstellen, kann aber für alle von Interesse sein. Es gibt anderswo fantastische Quellen, die Clickertraining lehren. In diesem Arbeitsbuch werde ich ausreichend Orientierungshilfe in Bezug auf die Geruchsprägung Ihres Hundes geben. Aber lassen Sie Ihr Lernen nach diesem Kapitel nicht enden. Üben Sie während des Trainings und auch darüber hinaus weiter. Ich ermutige Sie, jede Gelegenheit zu ergreifen, um Ihr Wissen zu erweitern.

Wie bei vielen Hundetrainings gibt es auch beim Clickertraining Variationen. Die Art und Weise, wie ich die Konditionierung auf den Clicker beginne, ist möglicherweise anders als bei anderen Personen, Kursen oder Trainingsmethoden. Weder das eine noch das andere ist richtig oder falsch. Es gibt einfach verschiedene Wege, mit denen wir zum gleichen Ergebnis gelangen. Ich werde beschreiben, wie ich die Überbrückung zwischen Click und Belohnung aufbaue und Sie können entweder diese Methode verwenden oder Ihre aktuelle (falls Sie bereits einen Weg gefunden haben, der für Sie funktioniert). Oder aber Sie entscheiden sich dafür, einen komplett anderen Ansatz auszuprobieren. Solange der Hund am Ende auf den Click konditioniert ist, spielt es keine Rolle.

Es geht also im Grunde genommen darum, eine Überbrückung vom Clickgeräusch hin zu einem Verstärker bzw. zu einer Belohnung zu schaffen. Wie im Glossar beschrieben, ist der Clicker üblicherweise eine kleine Plastikbox, kann aber auch eine Telefon-App, der Deckel eines Lebensmittelbehälters oder sogar eine Kugelschreibertaschenlampe für einen blinden Hund sein. Das Clickgeräusch ist die Brücke hin zur Belohnung. Der Hund wird darauf konditioniert, zu verstehen, dass der Click bedeutet, dass ein Spielzeug oder ein Leckerli auftaucht. Der Click markiert dabei das gewünschte Verhalten und der Hund lernt schnell, dass das Wiederholen des Verhaltens zu einem Click führt, aus welchem wiederum eine Belohnung resultiert.

Tatsächlich trainiere ich normalerweise alle Hunde mit dem Clicker. Auch wenn der Clicker im Trainingsplan nicht erneut auftaucht, tue ich das aus verschiedenen Gründen:

- Um Beziehung und Vertrauen im Training aufzubauen
- Um den Hund beim Lernen zu unterstützen
- Beim Aufbau von Lernerfahrungen im Formen, Locken und Einfangen
- Als bereits konditioniertes Werkzeug für mich, auf das ich bei Bedarf zurückgreifen kann
- Als Unterstützung eines anderen Hundeführers in seinem Training – ja, wirklich.

Um Beziehung und Vertrauen im Training aufzubauen

Ich habe oft Hunde trainiert, ohne ihre Vorgeschichte zu kennen. Sie kamen von Verkäufern aus Europa oder aus Tierheimen und es gab keine Möglichkeit, zu erfahren, wie ihre Entwicklung oder bisherigen Trainingserfahrungen waren. Im Allgemeinen kennen diese Hunde keinen Clicker, aber auch, wenn es etwas Neues für sie ist, ist es sehr lohnend und leicht zu lernen. Ich denke, dass sogar die meisten gestressten Hunde durch das Clickertraining beruhigt werden können (es ist auch hier die 1%-Regel). Der Aufbau von Vertrauen und einer Beziehung gleich zu Beginn bringt den Hund zum Lernen und hilft ihm, sich während des Trainings zu entspannen.

Um den Hund beim Lernen zu unterstützen

Ich mag es, den Hund mental auf das Lernen vorzubereiten. Clickertraining ist eine großartige Möglichkeit, dies zu tun. Hat der Hund das Clickertraining als Konzept erstmal verstanden, wird er sein Verhalten gezielt nutzen, um Clicks auszulösen. Indem Sie ihm diese Kontrolle und die Fähigkeiten geben, wird er auch in den Lernprozess investieren.

Beim Aufbau von Lernerfahrungen im Formen, Locken und Einfangen

Clickertraining hilft dem Hund, sich auf das Lernen einzustellen. Je nachdem, woher der Hund kam, versteht er möglicherweise nicht, dass Lernen stattfindet und durch sein Verhalten beeinflusst werden kann. Der Hund soll verstehen, dass er einen Einsatz im Lernprozess hat und wenn er sich aktiv darin beteiligt, wird er tolle Belohnungen verdienen, und davon jede Menge. Ich möchte auch, dass der Hund die verschiedenen Lernkonzepte versteht und wie sie funktionieren. So kennt der Hund das „Spiel", das wir spielen und wie sein Verhalten zum Gewinn und damit zur Belohnung führt.

Ich vermittle gern drei Lernstrategien mit dem Clicker, sobald der Hund das Prinzip der Überbrückung gelernt hat, also auf den Clicker konditioniert ist:

- Locken – normalerweise verwende ich diese Technik, um ein Sitz oder Platz beizubringen, je nachdem, was der Hund bereits kann. Das sind einfache zu trainierende Verhaltensweisen.

- Einfangen – Mit dem Einfangen versuchen wir, ein Verhalten des Hundes zu markern, das er von sich aus zeigt, und ermutigen ihn, dieses zu wiederholen.

- Formen – Formen beschreibt die Annäherung von Verhaltensweisen an ein Zielverhalten. Hierzu verwende ich meist den Targetstab.

Sobald der Hund ein Verhalten mittels all dieser Strategien und mit dem Clicker gelernt hat, hat er das Konzept verstanden und auch, wie er mit seinem Verhalten einen Click auslösen kann.

Als bereits konditioniertes Werkzeug für mich, auf das ich bei Bedarf zurückgreifen kann

Wenn der Clicker zu Beginn des Trainings konditioniert wurde, dann steht das Tool jederzeit zur Verfügung, wenn es benötigt wird. Das ist viel einfacher, als während des Trainings zu erkennen, dass man mit dem Marker Verhalten entwickeln könnte und dann erst den Clicker beizubringen, bevor mit dem Trainingsplan fortgefahren werden kann.

Als Unterstützung eines anderen Hundeführers in seinem Training – ja, wirklich

Wenn ich einen Schüler unterrichte und er einfach nicht das richtige Timing findet oder das Verhalten des Hundes nicht lesen kann, dann verwende ich den Clicker. Ich markere dann das korrekte Verhalten des Hundes und der Hundeführer kann sich nur darauf konzentrieren, das gewünschte Verhalten zu beobachten. Wenn vom Hundeführer erwartet wird, seinen Hund zu führen, die Körpersprache zu lesen und zum richtigen Zeitpunkt zu markern, so summiert sich vieles auf, auf das er sich zu konzentrieren versucht. Dann kann das Timing schon mal darunter leiden. Wenn ich das Markern übernehme, dann verringere ich die Anforderungen, an die er oder sie denken muss, wodurch er sich stattdessen besser auf die Körpersprache seines Hundes konzentrieren kann. Wenn ich clicke, kann der Hundeführer beobachten, was der Hund tut und versteht besser, wenn das richtige Verhalten gezeigt wird. Da der Clicker immer gleich klingt, spielt es für den Hund keine Rolle, wer ihn betätigt, solange der Click erfolgt.

Nur eine weitere Spielerei?

Ich habe den Clicker zum ersten Mal Mitte der 1990er Jahre auf einer VHS-Videokassette gesehen (für die jüngeren Leser: Eine VHS war eine große Plastikkassette, mit der man mittels eines Gerätes, das an den Fernseher angeschlossen wurde, einen aufgezeichneten Film anschauen konnte). Alec Coull, den ich zuvor schon erwähnt habe, gab mir diese VHS-Kassette, nachdem er sie aus den Staaten nach England geschickt hatte. Es war das erste Mal, dass ich Clickertraining oder Ähnliches gesehen hatte. Ich erinnere mich noch daran, dass ein Hund gezeigt wurde, der mittels Targetstab und Clicker im Agility trainiert wurde. Der Trainer führte den Hund und wies ihn an, das Ende des Stabs mit seiner Nase zu berühren. Er hielt den Stab über den Agility-Laufsteg und gab dem Hund das Stimmkommando, das Ende des Stabs mit der Nase zu berühren, was er auch tat. In dem Moment, in dem der Hund den Stab berührte, erhielt er einen Click und eine Belohnung. Der Trainer fuhr fort, indem er den Stab über den Laufsteg bewegte, und der Hund folgte ihm. Zu dieser Zeit dachte ich, das sei alles Unsinn und nur eine weitere Spielerei im Tricktraining. Wie falsch ich lag!

In den späten 1990er Jahren übernahm ich die Leitung eines Minensuchhundeprojekts und traf auf mehrere Herausforderungen, die es zu bewältigen gab. Eine bestand darin, dem Hund beizubringen, einen 50x1 Meter langen Pfad so abzusuchen, dass am Ende wirklich 100% des Bodens von der Hundenase abgedeckt worden waren. Der sichere Suchpfad wurde dabei seitlich entweder mit Markierungen oder Sprühfarbe kenntlich gemacht. Wir probierten verschiedene Techniken aus, aber am besten funktionierte es, wenn der Hundeführer seinen Hund an einer kurzen Leine hielt, während er ihn methodisch und kontrolliert den Pfad entlangführte. Dann hatte ich eine Idee. Ich erinnerte mich an die Clickervideos, die mir vor ein paar Jahren geborgt wurden und die ich als Zirkustricks abgetan hatte. Ich erinnerte mich an den Abschnitt des Videos, in dem ein Mann einen Targetstab nutzte, um seinen Hund über eine Hürde und den Laufsteg zu geleiten, während er ihm suggerierte, diesen zu berühren, und der Hund legte seine Nase auf die rote Kugel am Ende des Stabs. Mein Aha-Moment war, als ich mich fragte, was wäre, wenn ich den Hunden beibringen würde, das Ende des Targetstabs zu berühren, um den Stab dann in einem Links-Rechts-Links-Zickzackmuster über den Boden vor dem Hundeführer zu bewegen. Ich vermutete, dass diese Technik es dem Hundeführer erlauben würde, den Hund zu kontrollieren und sicherzustellen, dass die Nase 100% des Bodens absuchen würde. Ich versammelte die drei Soldaten, die dem Projekt zugeteilt waren, in einem Raum und erklärte ihnen das Clickertraining und das Konzept des Targetstabs. Vor allem ein Soldat fragte in seinem nordirischen Akzent, „Haben Sie Ihre #@** Murmeln verloren, Sarge?" (was bedeutet „Sind Sie verrückt geworden, Sergeant?"). Ich sagte Wes sofort, er solle mir einen seiner Hunde bringen. Es waren sechs Hunde im Team, alles Labradore, und er konnte einen beliebigen auswählen. Zum Glück für mich entschied er sich für einen, der ein Naturtalent im Clickertraining war und Käse liebte, wie es typisch für Labradore ist. Ich konnte schnell die Brücke zum Clicker bilden und begann damit, den Targetstab zu formen. Der Hund war ausgezeichnet und noch am selben Tag jagte er den Stock, um mit seiner Nase das Ende berühren zu können. Tatsächlich konnte ich mit seinem Lernverhalten nicht mithalten und musste Pausen machen, da mir die Leckerlies ausgingen. Man kann mit Fug und Recht sagen, dass die Jungs beeindruckt waren. Am nächsten Morgen, als Wes zur Arbeit kam, war er zuvor – nach der Clickerdemonstration – in der Stadt gewesen. Er kaufte drei Clicker und hat es nie bereut.

Verwendung des Clickers

Ich bevorzuge die einfachen Boxenclicker, die günstig und leicht zu ersetzen sind. Ich habe eine ganze Kiste davon, maßgeschneidert und mit meinem Firmenlogo darauf. Es sind viele Variationen erhältlich. Holen Sie sich einfach einen, der Ihnen gefällt. Beachten Sie jedoch, dass manch ein Hund das Clickgeräusch der Boxenclicker nicht mag. Wenn dies der Fall sein sollte, dann verwenden Sie einfach etwas anderes. Es gibt Clicker als Smartphone-Apps oder andere Geräte mit Lautstärkereglern. Sie können auch einen Vakuumdeckel verwenden, der bei Druck ein Plopp-Geräusch machen kann. Sobald der Behälter geöffnet ist, clicken sie! Sie könnten auch den Gebrauch einer Pfeife in Erwägung ziehen und den Clicker gänzlich hiermit ersetzen. Es spielt keine Rolle, solange es für Sie und Ihren Hund funktioniert.

Denken Sie daran, dass Sie bei der Verwendung des Clickers (oder eines anderen Gerätes) einen Click *immer* belohnen müssen. Die Belohnung muss nicht immer die hochwertigste sein, insbesondere nicht dann, wenn Sie ein variables Belohnungssystem verwenden. Wenn Sie den Clicker versehentlich ungewollt betätigen, dann belohnen Sie nicht mit beispielsweise Käse. Verwenden Sie stattdessen ein „guter Hund" als Stimmlob (oder eine andere niedrigwertige Belohnung) und fahren Sie fort. Die Belohnung ist da, aber hat einen geringeren Wert anstelle eines Jackpots oder einer anderen hochwertigen Belohnung. Ein Verhalten wird eher wiederholt, wenn die Belohnung von hohem Wert ist, da es Lernen beschleunigt. Eine niedrigwertige Belohnung zu verwenden, beschleunigt in diesem Fall also das Lernen des Verhaltens nicht, welches Sie eigentlich nicht beabsichtigt haben zu clicken.

Ich habe meinen Clicker an einem Schlüsselband befestigt, damit ich ihn beim Training um den Hals tragen kann. Ich habe gern die Hände frei, und den Clicker halten zu müssen würde mir hinderlich sein. Einige Clicker können mit einem Armband getragen oder sogar wie ein Ring am Finger befestigt werden. Denken Sie daran, sobald der Hund auf den Clicker konditioniert ist, hat er verstanden, dass ein Click bedeutet: Die Belohnung steht unmittelbar bevor. Daher ist es Ihre Aufgabe, genau in dem Moment zu markern (clicken), in dem der Hund das gewünschte Verhalten zeigt. In dem Moment, in dem es clickt, ist die Lernphase vorbei und nun muss der Hund belohnt werden. Wie bereits erwähnt, ist also das Timing für den Click entscheidend. In diesem Trainingsprogramm dient der Click nur dem Zweck, ein Verhalten zu markern. Er sollte nicht als Methode des Rückrufs verwendet werden, wenn Sie mit Ihrem Hund unterwegs sind, indem Sie etwa immer wieder clicken, damit Ihr Hund zu Ihnen zurückkommt. Der Clicker sollte *ausschließlich* verwendet werden, um Verhalten während einer Trainingssitzung zu markern, vor allem während der nächsten 15 Tage.

Es ist nicht erforderlich, den Clicker auf den Hund zu richten, wenn Sie ihn nutzen. Wenn Sie ihn am Schlüsselband um Ihren Hals tragen, ist dies nicht einmal möglich (abhängig von der Länge des Schlüsselbandes). Bedenken Sie Folgendes: Der Clicker macht nichts anderes als ein Geräusch. Ihn also auf den Hund zu richten, projiziert keine besonderen magischen Kräfte auf Ihren Hund.

Wenn Sie den Clicker nutzen, sollte es ein schnelles Tik-Tok-Geräusch sein, ohne Pause zwischen den beiden Geräuschen. Um den schnell aufeinanderfolgenden Ton zu erzielen, achten Sie darauf, das Metallstück zu drücken und auch wieder loszulassen!

Ich verwende Leckerchen als Clickerbelohnung. Üblicherweise wird der „Jackpot"-Leckerbissen genutzt, der während der Belohnungsauswahl bestimmt worden ist. Sie benötigen nur kleine Stückchen der Leckerei. Sie wollen ja nicht den Magen des Hundes so füllen, dass er sich zu satt für das Training fühlt. Kleine Stückchen (1x1cm) oder auch kleiner funktionieren am besten. Einige handelsübliche Trainingsleckerlis haben bereits die richtige Größe für das Training.

So einfach ist das! Naja, zumindest wäre es das, wenn wir Menschen nicht immer involviert wären und Fehler machen würden…

Graues Verhalten

Einer der kritischsten Faktoren dabei ist das Timing. Menschliche Fehler können Herausforderungen darstellen. Wenn Ihr Timing nicht stimmt, senden Sie falsche Signale und bekommen „graues Verhalten".

Graues Verhalten ist ein Begriff, den ich gern verwende, wenn die Kommunikation weder schwarz noch weiß ist, also der Hund nicht versteht, was das gewünschte Verhalten ist. Das Ergebnis ist schlampiges Verhalten, und zwar nicht, weil der Hund etwa faul ist, sondern weil Ihre Kommunikation ihn verwirrt hat. Ihr Hund spiegelt Ihnen seine bestmögliche Interpretation davon wider. Zum Beispiel, wenn Sie ein aufrechtes Sitz in der Fußposition möchten, Sie aber clicken, wenn der Hund ein paar Mal zusammengesunken ist, ein paar Mal schief sitzt, ein paar Mal leicht hinter Ihnen sitzt… dann bekommen Sie „graues Verhalten", weil der Hund verstehen wird, dass jede dieser Positionen als „Sitz" zählt und dass das Anbieten von diesen Variationen ebenfalls zu einer Belohnung führen kann. Ungünstiges Timing ist einer der Gründe für graues Verhalten. Die einfachste Lösung hierzu ist, nur das gewünschte Verhalten zu markern und kein Verhalten zu akzeptieren, das lediglich nahe am Zielverhalten der Trainingssitzung dran ist.

Der Plan zum Erfolg

Der Clicker ist ein sehr vielseitiges Werkzeug. Clickertraining ist auch großartig für die Geruchsprägung. Ich genieße es, wie schnell und einfach es dem Hund mitteilt, welches Verhalten belohnt werden wird. Dieses Training ist so konzipiert, dass es konsistent und unmittelbar in der Kommunikation ist (solange Ihr Click zum richtigen Zeitpunkt erfolgt). Gleichzeitig ist es nicht so schlimm, wenn Sie einen Fehler machen. Wenn Sie fälschlicherweise clicken, geben Sie eine Belohnung mit niedrigem Wert. Machen Sie dies nur nicht zu oft.

Dieses Arbeitsbuch zielt darauf ab, Ihren Hund in 15 Tagen auf einen Geruch zu prägen. Clickertraining wird hier nur in den Grundlagen beschrieben und dient nur zur Unterstützung des Prägevorgangs. Sie können den Clicker auch in anderen Trainings einsetzen (ich mache das häufig). Jetzt, da der Hund die Brücke gebildet hat, haben Sie ein Werkzeug vorbereitet, auf das Sie immer wieder zurückgreifen können. Es gibt viele Onlinequellen, die Sie bei Ihrer Reise mit dem Clicker begleiten können. Ich poste auch Videos auf meinen sozialen Medien, die Sie als Referenz für zukünftige Trainings verwenden können.

Halten Sie sich an den Plan! Kürzen Sie nicht ab oder denken Sie nicht „Der Hund hat es raus, ich mache weiter." Vervollständigen Sie einfach den gesamten Trainingsplan.

Starten Sie nun mit dem Clickertraining Ihres Hundes. Es ist ein unkomplizierter Prozess und wird eine Gelegenheit für Sie bieten, Ihr Timing mit dem Clicker zu üben, während Ihr Hund die Brücke zwischen Geräusch und Belohnung bildet.

Trainingsplan Lektion 3

<table>
<tr><th colspan="4">Übersicht der Stunde</th></tr>
<tr><td rowspan="2">Trainingssitzung</td><td rowspan="2">Einführung des Clickers</td><td>Tag</td><td>2 / 3</td></tr>
<tr><td>Lektion</td><td>3</td></tr>
<tr><td>Ausrüstung</td><td colspan="3">▪ Clicker – oder ein anderer Marker
▪ Futter
▪ Futterbeutel oder ein Behälter
▪ Stuhl (optional)</td></tr>
<tr><td>Ort</td><td colspan="3">Innenraum mit minimaler Ablenkung</td></tr>
<tr><td>Trainingsdauer</td><td colspan="3">4 x 10 Minuten</td></tr>
<tr><td>Ziel</td><td colspan="3">Den Clicker als Marker konditionieren</td></tr>
<tr><td>Zwischenziele</td><td colspan="3">▪ Brücke zwischen Click (oder alternativem Marker) bilden
▪ Korrektes Timing bei der Verwendung des Clickers
▪ Handhabung des Clickers üben, ohne darüber nachdenken zu müssen</td></tr>
<tr><td>Voraussetzung für die Lektion</td><td>Futterbelohnungsauswahl</td><td>Voraus-setzung: Lektion Nr.</td><td>2</td></tr>
<tr><td>Vorbereitungen</td><td colspan="3">▪ Bereiten Sie Futterstückchen für das Training vor.
▪ Der Hund sollte unangeleint sein.
▪ Die Leckerlis sollten greifbar für Sie sein – entweder in einem Futterbeutel oder in einem Behältnis nahe Ihrer Hand.
▪ Stellen Sie sicher, dass der Clicker (Ihr ausgewählter Marker) einwandfrei funktioniert.
▪ Wenn Sie einen Stuhl nutzen, positionieren Sie ihn mit der Lehne zur Wand.
▪ Stellen Sie eine Schale mit Wasser in den Trainingsbereich.</td></tr>
<tr><td colspan="3">Anmerkungen</td><td>Ein schneller Blick</td></tr>
</table>

Trainingsschritte	
Schritt	**Handlung**
1	Setzen Sie sich auf einen Stuhl mit Blick auf einen Bereich von etwa 4x4m oder auch größer.
2	Nehmen Sie ein paar Leckerchen in die eine Hand und halten Sie den Clicker in der anderen Hand bereit.
3	Wenn Ihr Hund Sie anschaut, werfen Sie ein Leckerli zur Seite.
4	Wenn der Hund das Leckerli gerade fressen möchte und mit der Schnauze ganz kurz davor ist, clicken Sie!
5	Wiederholen Sie die Schritte 3 und 4 so oft, wie als Anzahl von Wiederholungen im nebenstehenden Fortschrittsplan angegeben.
6	Legen Sie zwischen den Trainingssitzungen mindestens 15 Minuten Pause ein, gehen Sie spazieren und lassen Sie Ihren Hund entspannen.
7	Sobald Ihr Hund zwei Trainingssitzungen erfolgreich abgeschlossen hat (mit Pausen), können Sie mit der nächsten Aufgabe fortfahren.

Fortschrittsplan			
Aufgabe Nr.	**Zwischenschritt**	**Beschreibung**	**Anzahl Belohnungen / Clicks**
1		**Den Clicker konditonieren**	
	1.1	Werfen Sie je ein Leckerli mindestens 2 m vom Hundeführer aus nach links und rechts. Clicken Sie, sobald der Hund das Leckerli frisst.	15
	1.2	Werfen Sie je ein Leckerli mindestens 2 m vom Hundeführer aus nach links und rechts. Clicken Sie, sobald der Hund das Leckerli frisst.	10
	1.3	Werfen Sie Leckerlis auf den Boden, während Sie den Abstand vom Hundeführer aus nach links und rechts variieren. Clicken Sie, sobald der Hund das Leckerli frisst.	15

Fortschrittskontrolle Lektion 3	
Bleibt der Hund interessiert und frisst die Leckerlis über die Dauer der Trainingssitzung?	Ja / Nein
Wenn nein, wiederholen Sie den Zwischenschritt 1.2 und bewerten Sie erneut.	

Notiz: Wenn der Hund über die Dauer der Trainingseinheit nicht aufmerksam bleibt, tauschen Sie die Leckerlis gegen etwas Lohnenderes für den Hund aus oder verwenden Sie in jeder Sitzung verschiedene Leckerlis (Käse, Speck, Hühnchen).

Trainingsplan Lektion 4

Übersicht der Stunde			
Trainingssitzung	Prüfen, ob der Clicker verstanden wurde.	**Tag**	4
		Lektion	4
Ausrüstung	▪ Clicker oder ein anderer Marker ▪ Futter ▪ Futterbeutel oder ein Behälter ▪ Stuhl (optional)		
Ort	Innenraum mit minimaler Ablenkung		
Trainingsdauer	3 x 10 Minuten		
Ziel	Den Clicker konditionieren		
Zwischenziele	▪ Die Überbrückung des Clickers (oder des gewählten Markers) zur Belohnung stärken ▪ Ein korrektes Timing bei der Verwendung des Clickers ▪ Verwendung des Clickers üben, ohne darüber nachdenken zu müssen		
Voraussetzung für die Lektion	Einführung des Clickers	**Voraus-setzung: Lektion Nr.**	3
Aufbau des Trainings	▪ Bereiten Sie Leckerlis für das Training vor. ▪ Der Hund sollte unangeleint sein. ▪ Die Leckerlis sollten greifbar für Sie sein – entweder in einem Futterbeutel oder in einem Behältnis nahe Ihrer Hand. ▪ Stellen Sie sicher, dass der Clicker (oder Ihr ausgewählter Marker) einwandfrei funktioniert. ▪ Wenn Sie einen Stuhl nutzen, positionieren Sie ihn mit der Lehne zur Wand. ▪ Stellen Sie eine Schale mit Wasser in den Trainingsbereich.		
Anmerkungen		**Ein schneller Blick**	

Trainingsschritte	
Schritt	**Handlung**
1	Setzen Sie sich auf einen Stuhl mit Blick auf einen Bereich von etwa 4x4m oder auch größer.
2	Nehmen Sie ein paar Leckerchen in die eine Hand und halten Sie den Clicker in der anderen Hand bereit.
3	Lassen Sie Ihren Hund im Raum umherlaufen.
4	Clicken Sie, wenn der Hund sich gerade nicht auf Sie konzentriert. Schaut er Sie dann an, werfen Sie das Leckerli.
5	Wiederholen Sie die Schritte 3 und 4 so oft, wie als Anzahl von Wiederholungen im Fortschrittsplan auf der nächsten Seite angegeben.
6	Legen Sie zwischen den Trainingssitzungen mindestens 15 Minuten Pause ein, gehen Sie spazieren und lassen Ihren Hund entspannen.
7	Sobald Ihr Hund zwei Trainingssitzungen erfolgreich abgeschlossen hat (mit Pausen), können Sie mit der nächsten Aufgabe fortfahren.

Fortschrittsplan			
Aufgabe Nr.	**Zwischen-schritt**	**Beschreibung**	**Anzahl Belohnungen / Clicks**
2		**Prüfen, ob der Clicker verstanden wurde.**	
	2.1	Lassen Sie Ihren Hund im Raum umherlaufen. Wenn er sich gerade nicht auf Sie konzentriert, clicken Sie. Werfen Sie ein Leckerli mindestens 2 m von sich weg, sobald der Hund Sie anschaut.	9
	2.2	Lassen Sie Ihren Hund im Raum umherlaufen. Wenn er sich gerade nicht auf Sie konzentriert, clicken Sie. Werfen Sie ein Leckerli mindestens 2 m vom Hundeführer weg, sobald der Hund Sie anschaut.	7
	2.3	Lassen Sie Ihren Hund im Raum umherlaufen. Wenn er sich gerade nicht auf Sie konzentriert, clicken Sie. Variieren Sie, wie weit weg Sie das Leckerli werfen, sobald der Hund Sie anschaut.	5

Fortschrittskontrolle Lektion 4	
Dreht der Hund sich zu Ihnen, wenn der Click ertönt?	Ja / Nein
Wenn nein, wiederholen Sie den Zwischenschritt 2.3 und bewerten Sie erneut.	

Notizen

KAPITEL 4

Auswahl des Geruchs

Ich nehme an, dass Sie dieses Buch lesen, weil Sie Ihren Hund auf einen Geruch prägen möchten. Vielleicht wissen Sie auch schon, welchen Zielgeruch Sie verwenden wollen oder vielleicht steht diese Entscheidung auch noch aus. In jedem Fall ist es wichtig, einige Prinzipien der Geruchsauswahl zu verstehen und wie man Tücken vermeiden kann, die die Qualität des Trainings und die zu erreichenden Standards beeinflussen können. Die Auswahl des Geruchs ist ein weiteres Beispiel für die 1%-Regel, wobei der Einfluss hiervon tatsächlich größer ist als nur 1%. Ohne die richtige Auswahl des Zielgeruchs könnten Sie in der Tat auch mit einer Getränkedose trainieren. Ich wiederhole immer wieder, das Hundetraining auf Kommunikation basiert. In diesem Fall ist die Kommunikation entscheidend, denn wenn der Hund nicht versteht, auf welchen Geruch er reagieren soll, werden Sie außerhalb des Trainings nicht erfolgreich sein. Auch wenn der Hund die Geruchsquelle riecht, wird er einfach daran vorbeilaufen, solange er nicht verstanden hat, dass diese zu einer Belohnung führt. In diesem Kapitel werde ich einige grundlegenden Prinzipien zur Auswahl und Beschaffung des Geruchs erläutern.

Die erste Frage, die Sie sich stellen müssen, ist, welchen Geruch Sie Ihrem Hund beibringen möchten. Es scheint eine einfache Frage zu sein, aber ich habe Programme erlebt, bei denen die Erwartungen der Menschen nicht mit den kognitiven Fähigkeiten der Hunde vereinbar waren. Ich habe gesehen, wie Menschen Marzipanblöcke als Trainingsgeruch eingesetzt haben, weil Marzipan entfernt nach Frangex riecht (eine Art Gelignit-Sprengstoff). Oder es wurde ein Sack Waschpulver ausgelegt und der Hundeführer war hinterher enttäuscht, als der Hund nicht richtig darauf reagierte und diesen nicht angezeigt hat. Als ich den Hundeführer danach fragte, was er erwartet hatte, sagte er: „Der Sack Waschpulver sollte einen hausgemachten Sprengstoff simulieren, also dachte ich, der Hund würde ihn finden." Das scheint unglaublich. Aber es sind echte Vorfälle und ich kann noch von sehr viel mehr Beispielen berichten.

Für bestimmte Geruchsproben können Genehmigungen, Lizenzen und andere Anforderungen erforderlich sein. Es ist unmöglich, alle besonderen Anforderungen aufzuführen, da sie insbesondere in verschiedenen Ländern unterschiedlich ausfallen können. Sie müssen sicherstellen, dass Sie die Anforderungen verstehen und dazu berechtigt sind, die Proben zu beschaffen.

Ich verwende keine Pseudogerüche oder simulierten Duftprodukte, außer in Forschungsversuchen, bei denen die Substanzen getestet werden. Wenn Sie diese Produkte verwenden, sind die unten aufgeführten Prinzipien ebenso relevant. Die

Hersteller machen womöglich spezifische Vorgaben zu ihren Produkten, wie z. B. hinsichtlich des Temperaturbereichs, in dem sie gelagert werden müssen.

Die Kommunikationskette in der Spürhundearbeit

Bevor wir uns mit der Suche nach Ihrem Zielgeruch befassen, möchte ich die Kommunikationskette in der Spürhundearbeit thematisieren. Ich lehre dieses Konzept in meinen Vorträgen, da ich es als grundlegend betrachte. Wenn es ein Problem bei der Zielerkennung Ihres Hundes gibt, können Sie jedes Glied der Kette genau betrachten, um das fehlende und damit die Problemstelle zu finden.

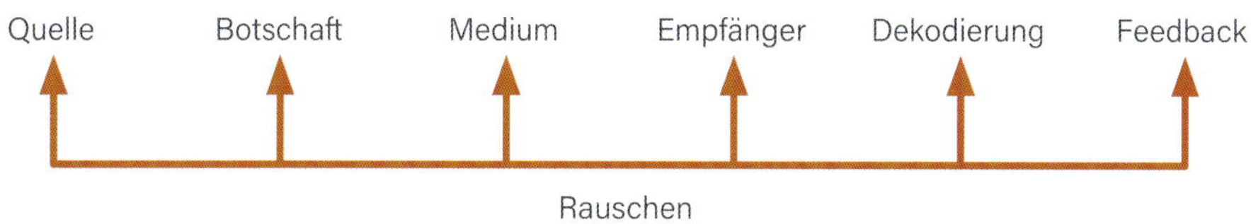

Quelle	Die Quelle ist der Ursprung der Botschaft an den Hund; im Fall der Spürhundearbeit handelt es sich um das Objekt, nach dem Sie suchen. Fehlt dieser Abschnitt in der Kommunikationskette, dann kann der gesamte Prozess nicht entstehen, denn es gibt keine Möglichkeit für den Hund, auf einen Geruch zu reagieren, wenn dieser nicht vorhanden ist. Kein Geruch, keine Spürhundearbeit!
Botschaft	Hiermit ist die Botschaft gemeint, die von der Quelle ausgeht. Im Falle der Spürhundearbeit ist das der Geruch. Natürlich muss der Geruch die Quelle verlassen, damit der Hund ihn aufspüren kann. Er kann sich direkt im Kopfbereich der Quelle befinden oder sich weiter von dieser weg verteilen.
Medium	Hiermit ist die Art und Weise gemeint, wie die Botschaft (der Geruch) in die Umgebung transportiert wird. Es könnte sich ein Geruchskegel / eine Geruchsfahne bilden oder sogar auch ein Austreten aus dem Boden sein. Wird das Austreten des Geruchs an einer Stelle verhindert, wird auch die Botschaft nicht weiter transportiert.

Empfänger	Der Empfänger meint die Nase des Hundes und dessen Geruchssystem. Der Hund könnte krank oder alt sein, oder auch einfach nicht suchen, wenn der Geruch aufgenommen wird. Es könnte auch sein, dass die Menge des Geruchs für den Hund zu gering ist, um sie weitergehend zu verarbeiten.
Dekodierung	Die Dekodierung beschreibt das Verständnis des Hundes für die erhaltene Botschaft. Wir brauchen einen Hund, der den Geruch analysiert und ihn als Zielgeruch oder als keinen Zielgeruch einstuft. Kennt der Hund den Geruch, kann er ihn entschlüsseln und versteht, ob er für ihn lohnend ist. In diesem Stadium des Trainings bauen wir eine Beziehungsebene zwischen dem Geruch und der Belohnung auf.
Feedback	Mit dem Feedback ist die Reaktion des Hundes auf den Geruch (Anzeigeverhalten) gemeint. Es ist die Art und Weise, wie uns der Hund mitteilt, dass er den Geruch erkannt hat. In den meisten Fällen wird dies ein deutliches Verhalten sein. Und das ist es tatsächlich auch, was wir in der Prägungsphase auf den Geruch sehen wollen – ein trainiertes Anzeigeverhalten oder der Aufbau auf einem natürlichen Verhalten des Hundes.
Rauschen	Hiermit sind alle Umweltfaktoren gemeint, die die Botschaft möglicherweise verunreinigen oder stören können. Darunter können viele Aspekte gefasst werden, etwa Gerüche, Geräusche und auch visuelle Reize als Ablenkungen. Rauschen kann die Kommunikationskette beeinträchtigen, bricht aber nicht unbedingt eine Verbindungsstelle. Wir nutzen diese Art von Ablenkungen im Training, um deren Auswirkungen in realen Einsätzen zu reduzieren.

Diese Kommunikationskette in der Spürhundearbeit veranschaulicht, was während der Suche und der Prägung auf den Geruch geschieht. Wenn das Training Probleme bereitet, untersuchen Sie jede Verbindung und stellen Sie fest, wo der Fehler liegt, der die Kette hat reißen lassen.

Geruchsbeschaffung

Nachdem Sie sich gefragt haben, was Ihr Zielgeruch sein wird, ist die nächste sich stellende Frage, woher Sie diesen beziehen. Es gilt mehrere Möglichkeiten zu berücksichtigen, wenn Sie nach Quellen suchen:

- Direkt vom Ursprung
- Von einem Drittanbieter
- Aus Feldfunden

Kap. 4

Direkt vom Ursprung

Bei hergestellten Geruchszielen ist dies die Fabrik oder der Ort, an dem das Material hergestellt wird.

- Bietet Ihnen die reinste und frischeste Form des Geruchs.
- Hat ein geringes Kontaminationsrisiko (es sei denn, die Kontamination erfolgt an der Quelle, was dann zum Bestandteil des Geruchbildes wird).
- Wird in der Originalverpackung geliefert.
- Hält sowohl bei der Verwendung und bei der Lagerung länger.
- Repräsentiert möglicherweise keine Feld-/Straßenversionen des Geruchs. Denken Sie an reines Kokain: Es ist nichts anderes als Straßenkokain, das viele Male zerteilt und dadurch verunreinigt worden ist.

Von einem Drittanbieter

- Kann genauso rein und frisch sein wie direkt von der Quelle (aber nicht immer).
- Könnte Kontaminierungen enthalten (aber nicht immer).
- Könnte originalverpackt sein (aber nicht immer).

- Könnte nach dem Kauf lange haltbar sein (aber nicht immer).
- Repräsentiert keine Feld-/Straßenversion.
- Kann womöglich teurer, aber einfacher zu beschaffen sein, wenn die Herstellung außerhalb des Landes erfolgt.

Aus Feldfunden

- Eine sehr genaue Repräsentation des Zielgeruchs.
- Könnte eine Kontamination als Bestandteil des Geruchsbildes aufweisen.
- Kann womöglich eine verkürzte Haltbarkeit haben.

Falls möglich, sollten die Geruchsproben von einem Labor getestet werden, um die Qualität zu bestätigen und sicherzustellen, dass die Proben frei von Verunreinigungen sind. Labortests sind womöglich nicht für jedermann zugänglich, aber sollten je nach Möglichkeiten erwogen werden.

Generalisierung erleichtern

Ich ziehe es vor, eine Vielzahl von Geruchsquellen sowohl von der Originalquelle als auch aus dem Feld zu erhalten. Ich möchte mindestens drei Variationen von jedem Typ unterschiedlichen Alters haben. Die Generalisierung des Geruchs findet statt, wenn Sie den Hund unterschiedlichen Zielgerüchen von unterschiedlichen Quellen aussetzen. Nutzen Sie ausschließlich einen Geruchstypen der gleichen Quelle, werden Sie einen Hund trainieren, der *diesen* einen bestimmten Geruch finden kann und Variationen davon ignorieren wird, obwohl sie für uns gleich sind. Verwenden Sie also so viele Variationen wie möglich vom gleichen Geruchstypen, um den Hund auf die gesamte Bandbreite zu prägen, die ihm begegnen wird. Wenn ich mit der Prägung beginne, nutze ich die reinste Form des Geruchs, um sicherzustellen, dass der Hund eine klare Information erhält, wonach er suchen soll. Sobald ich davon überzeugt bin, dass er die Verknüpfung hergestellt hat, beginne ich damit, die Geruchsproben zu variieren, sodass eine Generalisierung erfolgen kann.

Logistische Überlegungen

Es ist wichtig zu überdenken, wie häufig Sie den Geruch austauschen, da dies den Zielgeruch, den Sie wählen und wie Sie ihn beziehen beeinflussen kann. Jeder Geruch hat unterschiedliche Anforderungen an die Lagerung, die Verwendung im Training und die Haltbarkeit. Wenn Sie den Zielgeruch im Gefrierschrank aufbewahren und ihn einmal im Monat verwenden, dann kann er viel länger halten als etwas, das Sie in Ihrem Schreibtisch aufbewahren und täglich nutzen. Im folgenden Kapitel werden die Lagerung und die Handhabung behandelt. Sie benötigen einen Lieferanten oder eine Quelle, der Sie vertrauen. Diese/r muss die gewünschte Menge an Geruchsstoffen in dem von Ihnen benötigten zeitlichen Rahmen bereitstellen können. Manchmal wird dies formal geregelt, wie z.B. mittels Bestellungen oder durch Vereinbarungen, z.B. dass ein Prozentsatz der Funde aus jeder Felduntersuchung dem Hundetraining bereitgestellt wird. Wenn Sie Geruchsproben von etwas Simplen benötigen, etwa Schlangen, dann hatte ich schon Erfolg in den sozialen Medien. Da Schlangen in Texas weit verbreitet sind, bekomme ich auch viele Proben zur Auswahl vor Ort. Eine weitere Möglichkeit, um Geruchsquellen für einige organische oder lebende Zielgerüche zu erhalten, ist, diese zu züchten. Wenn Sie beispielsweise im Bereich der Bettwanzenerkennung arbeiten, können Sie Ihre eigenen züchten. Ich kenne Halter, die lebende Reptilienexemplare zu Hause halten (legal). Denken Sie nur daran, dass das Reptil einen Geruch hat, der auf der Umgebung basiert, in der es lebt (im Terrarium), und auf der Nahrung, die es frisst (z.B. im Laden gekaufte Grillen). Auch hier ist Generalisierung essenziell.

Eine Überlegung dreht sich um die Mengenanforderungen und die Verfügbarkeit des zu beschaffenden Geruchs. In bestimmten Situationen, etwa Erdöl-Erkennung, sind in der Regel 10 ml des Zielgeruchs für das Training erforderlich. Im Allgemeinen muss ich viel mehr kaufen, da so geringe Mengen nicht verkauft werden. In solchen Fällen versuche ich mich mit einem der Kunden zusammenzutun und etwas direkt von der Raffinerie zu bekommen. Dort werden häufig kleine Proben zur Qualitätskontrolle entnommen. Wie auch immer, derzeit besitze ich zwei Gallonen texanisches Rohöl und werde niemals alles davon verbrauchen können. Aber das ist die kleinste Menge, die ich erwerben konnte, als ich es brauchte.

Berücksichtigen Sie die Lieferzeiten der Geruchsproben, wenn Sie direkt bei einer Quelle bestellen. Erst kürzlich wurde für ein Projekt, bei dem ich dabei war, ein spezieller Geruch benötigt. Erste Anfragen vor dem Projektstart deuteten auf eine schnelle Bearbeitung und Lieferung über Nacht hin. Nachdem das Projekt begonnen hatte, wurde der Geruch bestellt und der ursprüngliche Lieferzeitraum stellte sich auf Wochen um, wodurch das Projekt verzögert wurde. Wenn Sie sich auf Feldfunde verlassen, könnte dies sogar noch länger dauern.

Verwendung eines neutralen Geruchs für das Training

Eine Frage, die mir häufig gestellt wird, ist die, mit welchem Geruch ich beginne. Normalerweise verwende ich Kongs, wofür es mehrere Gründe gibt:

- Sie sind günstig.
- Der Geruch ist beständig.
- Sie sind leicht zu beschaffen.
- Sie sind leicht lagerbar, einfach zu handhaben und zu transportieren.
- Sie sind witterungsbeständig.
- Sie können leicht zugeschnitten werden, um die Größe zu verringern (und damit den Geruch).

Sie können das gesamte Training abschließen, ohne den eigentlichen Zielgeruch zu verwenden. Das mag vielleicht merkwürdig klingen. Aber wenn Sie nach einer vom Aussterben bedrohten Art suchen und die Geruchsproben knapp sind, dann ist dies essenziell. Sie möchten die wertvolle Ressource dann nicht für die ersten Schritte im Trainingsplan verwenden. Dann ist es besser, den Hund vollständig auf einen neutralen Geruch zu trainieren. Nach einem schnellen Transfer zum Zielgeruch erreichen Sie den Trainingsstandard und doch haben Sie nicht viel von dem wertvollen Zielgeruch verschwendet. Es kann auch von Vorteil sein, wenn Sie noch nicht wissen, was der endgültige Zielgeruch werden soll, Sie aber den Hund ohnehin trainieren müssen.

Wenn Sie ein Trainingsproblem haben und noch einmal etwas auffrischen müssen, dann ist die Verwendung von Kong-Geruch schnell und flexibel. Denn Sie können ihn einfach aus Ihrer Trainingstasche nehmen und auslegen. Sie benötigen keine spezielle Lagerung oder Genehmigungen und Sie müssen auch nicht zurück zum Lagergebäude fahren, um den Zielgeruch zu erhalten.

Es ist eine einfache Aufgabe, den Kong zu reinigen und sicherzustellen, dass er nicht durch die Verpackung, den Transport, die Lagerung oder sogar durch Ihren eigenen Geruch kontaminiert ist. Sobald Sie den Kong auf die gewünschte Größe geschnitten haben, kochen Sie die Stücke für fünf Minuten in sauberem Wasser. Anschließend sieben Sie sie mit einem Lebensmittelsieb aus Edelstahl (gereinigt) ab und lassen Sie sie an der Luft und an einem Ort ohne starke Gerüche trocknen. Bewahren Sie die getrockneten Kongstücke in einem gereinigten Glasbehälter auf. Ich verwende Edelstahlzangen / Pinzetten beim Umgang mit den Kongstücken, damit keine Verunreinigung mit menschlichem Geruch stattfindet. Nach Gebrauch sammeln Sie die gebrauchten Stücke in einem beschrifteten Glasgefäß, bis Sie genügend zusammen haben, um diese zu reinigen. Kongstücke müssen nach jedem Gebrauch gereinigt werden.

Nicht jeder möchte mit Kongs trainieren und das ist nachvollziehbar. Wenn Sie sich dabei nicht wohlfühlen, dann verwenden Sie keinen Kong. Ein neutraler Geruch jeglicher Art hat im Allgemeinen die gleichen Vorteile. Denken Sie daran, dass einige für das Training gekaufte neutrale Geruchsquellen teuer sein können und eine geringe Haltbarkeit haben.

Verfügbarkeit von Geruch und Geruchsauswahl

All dies wirft die Frage auf: Mit welchem Geruch möchten Sie beginnen? Einige Schulen beginnen mit dem niedrigsten Dampfdruck des Geruchs für den Hund (und daher der geringsten verfügbaren Geruchsmenge), damit alle anderen Gerüche leichter wahrzunehmen sind. Andere beginnen mit dem höchsten, um erstmal das Konzept der Spürhundearbeit begreifbar zu machen. Manchmal sind Sie im Training eingeschränkt und müssen mit dem trainieren, was Ihnen zur Verfügung steht, was Sie bekommen haben oder was Sie bekommen können. Die Frage lässt sich am besten basierend auf Ihrem Zielgeruch beantworten. Ein Wort der Warnung: Einige Zielgerüche haben einen extrem niedrigen Dampfdruck und sind daher nicht für die Prägephase auf den Geruch geeignet (zum Beispiel reines Kokain). Das Geruchsbild ist einfach zu inkonsistent für eine zuverlässige Geruchsprägung. Verwenden Sie einen konsistenten Geruch, den der Hund wahrnehmen kann.

Es ist wichtig zu verstehen, dass die Oberfläche in direktem Zusammenhang mit dem verfügbaren Geruch steht. Wenn Sie 500 g einer Substanz auf einem Quadrat von 30 cm verteilt haben, dann haben Sie eine viel größere Oberfläche, als wenn sich die gleiche Menge in einem Glas mit nur 15 cm Durchmesser befände. Beide haben das gleiche Gewicht (500 g) und die gleiche Substanz, aber die größere Fläche lässt den Geruch stärker entweichen und wird dadurch für den Hund besser verfügbar. Wenn Sie also eine kleine Menge Geruch haben und diese dünn auf einer Oberfläche verteilen, dann hat Ihr Hund viel mehr Zielgeruch für die Nasenarbeit.

Guter Geruch für gutes Training

Die Beschaffung Ihres Geruchs ist unerlässlich und ich würde sogar behaupten, dass sie von entscheidender Bedeutung ist. Ohne diesen Schritt sorgfältig zu gehen und ohne sicherzustellen, dass Sie den bestmöglichen Geruch erhalten, riskieren Sie die Standards und Effizienz Ihres Hundes und verschwenden somit Ihre Zeit und Mühe während des Trainings. Die Geruchsquelle ist das erste Glied in der Kommunikationskette in der Spürhundearbeit. Wenn dieses Glied fehlt, kann die restliche Kette nicht fortgeführt werden. Sicherzustellen, dass Sie Ihrem Hund mitteilen, was der Zielgeruch ist, wird sich im Feld auszahlen. Beschaffen Sie also die besten Geruchsproben, die Sie finden können!

Notizen

KAPITEL 5

Lagerung und Handhabung des Geruchs

„Indem man sich nicht vorbereitet, bereitet man sein Scheitern vor." – Benjamin Franklin, Gründervater der Vereinigten Staaten

Da die Qualität des Zielgeruchs essenziell ist, sind auch seine Handhabung und Lagerung von großer Bedeutung. Es ist sinnlos, hervorragende Proben zu beschaffen und diese dann in einen Karton in den Schrank zu werfen. Schlechte Lagerung und Handhabung führen zur Verunreinigung des Zielgeruchs. So werden das Training und vor allem auch das trainierte Leistungsniveau negativ beeinflusst.

Mit durchdachter Lagerung stellen wir sicher, dass Zielgerüche und Verleitungsgerüche vor der Umgebung sowie die Umwelt vor den Gerüchen geschützt werden.

Ich schrieb bereits, dass ich dieses Arbeitsbuch nicht mit Wissenschaft füllen möchte, aber ich möchte auf eine Studie verweisen, von der ich glaube, dass sie wesentlich ist. Ich bin darin als Co-Autor genannt. Die Studie basiert auf einer Hypothese, die ich aufgrund meiner Erfahrungen in der Ausbildung in einer großen Militärhundeschule aufgestellt habe. Es gab zwei Fragestellungen, die es zu untersuchen galt. Zuerst wurden die Hunde immer auf exakt gleich starke Zielgerüche trainiert. Zu dieser Zeit gestattete die Militärhundeschule das Zerschneiden der Zielobjekte zum Erhalt kleinerer Geruchsproben nicht. Zudem wurden immer die gleichen Gebäude für das Training genutzt, und das waren nicht viele. Ich war der Meinung, dass ein Hund, der ausschließlich auf eine festgelegte Menge Zielgeruch trainiert wurde, auch genau nur diese Menge finden würde. Da die Zielgerüche während eines Trainingstages sechs Stunden lang an Ort und Stelle ausgelegt wurden, vermutete ich, dass sie das Holz durchdrangen und sich in der Umgebung festsetzten. So, nahm ich an, entsteht ein Grundlevel des Geruchs, den der Hund zu ignorieren lernt, weil er permanent vorhanden und somit nicht lohnend ist. Aufgrund dieser Erfahrungen und Gedanken glaubte ich auch, den Hund auf einen bestimmten Geruchsschwellenwert trainieren zu können und ihm gleichzeitig beizubringen, dass er größere und kleinere Mengen des Zielgeruchs ignorieren soll. Als sich die Gelegenheit bot, diese Vermutungen untersuchen zu lassen, nahm sich Dr. Nathan Hall von der Texas Tech Universität diesem Forschungsprojekt an, um meine Theorien und Annahmen wissenschaftlich zu prüfen.

Die daraus entstandene Studie wurde veröffentlicht unter dem Titel „Stimulus-Kontrolle der Geruchsstoffkonzentration: Pilotstudie der Generalisierung und Unterscheidung der Geruchskonzentration bei Hunden" (DeChant, Bunker und Hall, 2021). [Stimulus Control of Odorant Concentration: Pilot Study of Generalization and Discrimination of Odor Concentration in Canines]. Kurz zusammengefasst: Es wurde bewiesen, dass Hunde lernen konnten, Zielgeruchskonzentrationen zu ignorieren, die außerhalb der trainierten Schwellenbereiche lagen. Auch konnte gezeigt werden, dass, wenn ein Grundlevel des Zielgeruchs in den Trainingsbereichen existiert, die Hunde dieses ignorierten und daher auch im Feld den Zielgeruch ignorierten. Dies veranschaulicht, dass die Handhabung der Geruchsproben und das Verhindern von Kontamination unerlässlich sind. Andernfalls verringern Sie das Leistungsniveau Ihrer Spürhunde, und dass nur deshalb, weil ein paar grundlegende Trainingsschritte nicht befolgt wurden.

Ich selbst habe standardisierte Vorgehensweisen für Lagerung und Handhabung der Gerüche, die möglicherweise strikter sind, als Sie sie für Ihre Trainingsprogramme benötigen. Die Geruchserkennung steht im Hauptfokus meiner Arbeit und ich führe sehr viel Forschung und Evaluationsprogramme durch. Daher muss ich in jeder Hinsicht sehr akribisch sein. Die grundlegenden Prinzipien sind aber exakt die gleichen für mich und für jeden anderen, der dem Spürhundetraining nachgeht. Deshalb werden Sie in diesem Kapitel die besten Vorgehensweisen lernen, die Sie dann an Ihre speziellen Anforderungen anpassen können.

Die Art des Zielgeruchs, mit der Sie arbeiten, bestimmt größtenteils auch die Lagerung. Wenn Vorschriften, Richtlinien oder gesetzliche Anforderungen gelten, geben diese Ihnen natürlich eine direkte Anleitung, wie die Zielgerüche gelagert werden sollen. Einige Gerüche müssen eingefroren werden, damit sie haltbar bleiben. Sie haben dann also keine andere Wahl, als einen Gefrierschrank zu verwenden. Ich lagere die meisten Zielgerüche im Gefrierschrank, obwohl einige davon nicht eingefroren werden können. Einige Gerüche können gefährlich sein und müssen daher in speziellen Schließfächern und / oder Behältern aufbewahrt werden. Andere, etwa Eidechsen und Pilze, müssen in speziellen Terrarien gehalten werden, um sie am Leben zu halten. Bei der Auswahl der Lagerungsmethoden sollten Sie alle Anforderungen und die Zweckmäßigkeit berücksichtigen – es gibt keinen Grund, einen Gefrierschrank zu kaufen, wenn Sie Ihren Hund beispielsweise auf Wasser trainieren, um Lecks in Rohren aufzuspüren. Gern können Sie hierzu mein Onlineseminar „Handhabung und Lagerung von Trainingshilfen für Hunde" [in englischer Sprache, Handling and Storage of Canine Training Aids] auf meiner Homepage anschauen.

Lagerung

Es gibt ein paar Überlegungen, wenn es darum geht, wie Sie Proben aufbewahren und auch, wie Sie diese für die Geruchsprägung und das Training nutzen. Sie müssen sich dessen bewusst sein, dass die Behälter, die Sie für die Lagerung der Proben verwenden, auch einen Eigengeruch haben. Dieser kann Bestandteil des Geruchsbildes werden, wenn die Probe ihn absorbiert. Daher ist es wichtig, Behälter zu verwenden, die keinen starken Eigengeruch haben. Es sollte auch kein stärkerer Geruch vom Behälter ausgehen als von der Probe. Auch wenn Sie die gleichen Behälter für die Ablenkungsgerüche verwenden, besteht die Gefahr, dass das Aufspüren des Behältergeruchs zur primären Geruchserkennung des Hundes wird.

Beim Minensuchhundeprojekt prägten wir die Hunde auf 0,025 g (0.00088 oz) TNT, das auf einem Filterpapier geschmolzen wurde. Das TNT hatte die Größe eines Stecknadelkopfes. Während der Geruchsprägung wurden die Hunde mit einer Trainingsplattform und einem Röhrensystem ausgebildet. Es wurden acht Plattformen (ca. 45 x 90 cm) hergestellt, an die jeweils sieben Metallröhren angebracht werden konnten. Die Röhren enthielten Verleitungsgerüche, TNT auf Filterpapier und TNT gemischt mit Verleitungsgerüchen auf Filterpapier. Die Hunde mussten 100 % der Geruchserkennung erreichen, bevor sie zur Suche im Freien übergehen konnten. Als wir draußen fortfuhren, steckte ich das TNT in kleine Löcher im Boden. Die Hunde arbeiteten an einer kurzen Leine und mit einem Targetstab, wie in Kapitel 3 beschrieben; im gleichen Stil wie bei Trainingsplattform mit dem Röhrensystem. Als wir dies jedoch das erste Mal taten, zeigten die Hund das TNT kein einziges Mal an. Aber mir war aufgefallen, dass die Hunde an den Löchern, in denen Filterpapiere mit Ablenkungsgerüchen lagen, einen Moment innehielten, nachforschten und erst dann weitergingen. Ich legte also einen Filter mit TNT aus und ließ den Hund wieder suchen. 100 % Geruchserkennung! Es war also das Filterpapier, das die Hunde suchten! Sie unterschieden nicht, ob es TNT beinhaltete oder nicht. Dies wäre so im Feld nicht effektiv. Das Problem konnte gelöst werden, indem nur noch TNT und kein TNT auf einem Filterpapier mehr verwendet wurde. Eine wertvolle Lektion über Behältnisse: Verwenden Sie nichts, was zur primären Geruchserkennungsquelle werden könnte!

In vielen Fällen müssen wir auch die Geruchsproben vor den Hunden sowie die Hunde vor den Proben schützen. Das trifft vor allem auf den Prozess der Geruchsprägung zu, wenn Sie keinen neutralen Geruch verwenden. Während der Hund sein neues Anzeigeverhalten lernt, geschieht es schnell einmal, dass er mit der

Geruchsprobe interagiert, zum Beispiel indem er sie mit der Nase berührt oder ableckt. Einige Proben werden mit Sicherheitsdatenblättern und Lagerungshinweisen geliefert, und diese sollten auch befolgt werden, da sie aus Sicherheitsgründen und zur Unterstützung der Haltbarkeit gedacht sind.

Temperatur

Die Temperatur kann sich negativ auf die Gerüche auswirken. Das Erhitzen der Proben macht die Moleküle flüchtiger und erzeugt mehr Dampf. Während dies für das Training gut sein kann, kann es auch bedeuten, dass Ihre Proben während der Lagerung austrocknen und schwächer werden. Wenn möglich, bewahre ich meine Gerüche deshalb gerne in einem Gefrierschrank auf, um Probleme durch höhere Temperaturen zu vermeiden.

Sonneneinstrahlung

Direktes Sonnenlicht hat ähnliche Auswirkungen wie hohe Temperaturen. Aber das Sonnenlicht kann zudem auch Bakterien und Organismen zerstören, was das Geruchsbild Ihrer Probe verändern kann. Die Geruchsproben vor direkter Sonneneinstrahlung zu schützen, verhindert solche Schäden und kann zudem auch die Haltbarkeit verlängern.

Feuchtigkeit

Einige Proben können Feuchtigkeit aufnehmen und dadurch ihre Konsistenz und damit auch das ursprüngliche Geruchsbild verändern. Außerdem kann Feuchtigkeit dazu führen, dass sich Schimmel und Bakterien bilden.

Schädlinge

Ameisen, Ratten, Mäuse und ähnliche Schädlinge zerstören alle essbaren Proben und verunreinigen diese mit Urin und Kot.

Sonstige Gerüche

Ich war einmal auf einem Lehrgang, bei dem die Trainingsutensilien neben einem Schrank mit Reinigungsmitteln aufbewahrt wurden. Als die Hunde des Kurses zu einer Ausbildungsstätte gebracht wurden, um sie in einer realen Umgebung zu trainieren, reagierten sie auf die Reinigungsmittel. Das industrielle Bodenwachs war das gleiche, wie das, welches sie von ihrer Hundeschule kannten. Es war zum Bestandteil ihres Zielgeruchs geworden. Sorgen Sie also dafür, dass Ihre Gerüche nicht in der Nähe von anderen stark riechenden Gerüchen gelagert werden.

Sicherheit

Überlegungen in Sachen Sicherheit sind gerade für Sprengstoffe und Drogen offensichtlich, aber wir sollten alle unsere Proben schützen. Neugierige könnten sich unsere Proben ansehen und diese bei der Handhabung ohne die korrekte Befolgung der Protokolle verunreinigen. Seltene, attraktive und interessante Proben könnten zudem als Souvenirs mitgenommen werden.

Verleitungsgerüche / Zielgerüchte separat voneinander lagern

Unabhängig davon, wie Sie sich letztendlich für die Lagerung Ihrer Proben entscheiden: Bewahren Sie Zielgerüche und Verleitungsgerüche getrennt voneinander auf. Eine Kreuzkontamination zwischen Zielgeruch und Störgeruch führt zu schlechten Ergebnissen während des Trainings.

Primärbehältnisse

Die primären Behälter sind diejenigen, die die Zielgerüche enthalten. Es gibt viele Möglichkeiten für Primärlagerung, und wie auch bei den anderen Methoden, die Sie verwenden, hängt auch diese von Ihrer Geruchsprobe ab. Einige Beispiele sind in der folgenden Tabelle beschrieben.

Art des Behältnisses	Vorteile	Nachteile
Zip-Beutel	▪ Günstig und einfach zu ersetzen ▪ Lässt den Geruch entströmen, ohne dass die Probe aus dem Zip-Beutel entnommen werden muss ▪ Schützt die Probe vor Schmutz, Feuchtigkeit und Verunreinigung	▪ Möglicherweise wird Eigengeruch abgegeben, der stärker als der Zielgeruch riecht und dann zum Primärgeruch bei der Geruchserkennung wird
Gläser* *Ein Borosilikatglas ist von medizinischer Qualität sowie geruchsarm und daher sehr gut für biomedizinische Proben geeignet	▪ Günstig und einfach zu ersetzen ▪ Sehr geruchsarm (je nach Verschluss) ▪ Einfach zu reinigen und verträgt aggressive Reinigungsmittel (Alkohol, Aceton) ▪ Schützt vor Schmutz und Verunreinigung (wenn verschlossen) ▪ Es kann ein Metallsieb genutzt werden, um zu verhindern, dass die Hunde an die Probe gelangen	▪ Zerbrechlich ▪ Größere Gefäße sind nicht immer einfach zu lagern
Plastikbehälter	▪ Günstig und einfach zu ersetzen ▪ Geruchsarm (je nach verwendetem Material) ▪ Leicht zu reinigen ▪ Schützt vor Schmutz und Verunreinigung (wenn verschlossen)	▪ Können bei der Verwendung zerbrechen, vor allem, wenn der Behälter schon älter ist oder starken Wetterschwankungen ausgesetzt ist ▪ Kann einen scharfen Geruch haben ▪ Kann den Geruch der Probe absorbieren ▪ Kann von aggressiven Reinigungsmitteln beschädigt werden oder deren Geruch aufnehmen
Mylar-Beutel	▪ Verhältnismäßig günstig und einfach zu ersetzen ▪ Schützt die Geruchsrobe vor Schmutz, Feuchtigkeit und Verunreinigung	

Es gibt zahlreiche Möglichkeiten für Aufbewahrungsbehältnisse. Dies sind nur einige Beispiele. Sie können die gleichen einfachen Kriterien für Ihre Behälter anwenden, um sicherzustellen, dass sie für Ihre Zwecke geeignet sind.

Zwischenbehälter

Der Zwischenbehälter ist der Gegenstand, den Sie verwenden, um den Primärbehälter mit der Probe aufzubewahren. Dieser richtet sich sehr stark nach dem Zielgeruch und dem Primärbehältnis. Zumeist verwende ich Glasgefäße als meine primären Behältnisse und dann Plastik-Munitionsdosen für die Gläser. Sie können Ihre Probe in einem Zip-Beutel aufbewahren und den Zip-Beutel in ein Glasgefäß legen.

Die Behälter haben das Ziel, Ihre Geruchsproben vor der Umgebung und die Umgebung vor der Probe zu schützen. Der mehrschichtige Ansatz ist besser als die Verwendung von nur einem Behälter. Im Onlineseminar, das ich zuvor schon mal erwähnt habe, habe ich mehrere Behälter mit einem Zielgeruch darin getestet. Mein Hund erkannte jede Geruchprobe korrekt, obwohl die Behälter geschlossen blieben.

Richtiger Umgang mit dem Zielgeruch

Vorbereitung der Behältnisse

Ich verwende sowohl für die Zielgerüche als auch für die Ablenkungsgerüche den gleichen Typ von Behältern. Diese bereite ich auf die gleiche Art und Weise vor und reinige sie auch auf gleiche Art und Weise. Alles ist genau gleich, bis auf das, was in den Behältern ist. Zum Beispiel werden die Gläser zweimal in der Spülmaschine gewaschen und getrocknet, einmal mit Spülmittel und einmal ohne. So weiß ich, dass alle Verunreinigungen aus der Produktion, dem Transport und der Lagerung entfallen. Die Gläser haben alle den gleichen Vorbereitungsgeruch (falls vorhanden) und sie liegen alle auf dem gleichen Geruchsniveau. Wenn die Behälter keine Maschinenwäsche vertragen, spüle ich sie mit der Hand und lasse sie an der Luft trocknen.

Ich habe schonmal Zielgerüche in Gläsern im Kühlschrank aufbewahrt. Die Verleitungsgerüche standen allerdings in einem Regal in einem anderen Zimmer, da im Kühlschrank nicht genügend Platz war. Im Training erreichten die Hunde eine 100 %ige Geruchserkennung, und alles lief großartig. Dann beschloss ich, Algen als Verleitungsgeruch zu verwenden (ich trainiere häufig am Strand), und weil diese organisch sind und verrotten, stellte ich sie in den Kühlschrank. In der nächsten Trainingseinheit legte ich den Zielgeruch, die Verleitungsgerüche aus dem Vorratsregal und die Algen aus dem Kühlschrank aus. Die Hunde reagierten auf die Algen – nicht nur einmal und sie zeigten sehr überzeugt an. Also habe ich ein leeres Glas in den Kühlschrank gestellt, und als ich das nächste Mal trainierte, legte ich das leere Glas und die Verleitungsgerüche aus. Die Hunde reagierten auf das leere Glas und zeigten dieses wieder sehr engagiert an. Ich hatte also den Kühlschrankgeruch zu einem Bestandteil des Geruchsbildes gemacht!

Träger

Trägermaterialien werden verwendet, um die Geruchsproben vor der Umwelt und die Umwelt vor den Proben zu schützen. Träger können dabei aus verschiedenen Materialien bestehen. Ich verwende im Allgemeinen natürliche Gegenstände, wenn die Geruchsprobe wegwerfbar ist, etwa Rohöl. Nach dem Training verbrenne ich einfach sowohl die Probe als auch das Trägermaterial. Wenn die Probe jedoch mehr als einmal verwendet wird, dann möchte ich sicherstellen, dass die Träger keinen eigenen Geruch haben, der den Zielgeruch beeinträchtigen würde. Typische Träger sind Aluminium, Folie, Pergament, Pappe und Papier. Auch können die Träger robuster sein, wie zum Beispiel Kunststoffschalen, Tupperware-Behälter und Metallkisten.

Die Trägermaterialien müssen geruchsarm / geruchsfrei sein, um die Kontamination der Geruchsproben zu verhindern.

Sobald ein Gegenstand als Träger verwendet wurde, sollte er entsorgt werden oder zukünftig nur noch für diesen Zielgeruch verwendet werden.

Handschuhe

Die Verwendung von Handschuhen zur Handhabung von Geruchsproben kann ich nicht deutlich genug betonen. Manchmal hört man Einwände wie „Terrorist tragen auch keine Handschuhe!". Wie auch immer, ein Terrorist trainiert auch keinen Spürhund, und es gibt viele Gründe, warum Sie Handschuhe nicht nur verwenden sollten, sondern sie auch *effektiv* verwenden sollten.

Wir möchten die Proben (Zielgerüche und Verleitungsgerüche / Nullbehälter) vor menschlichem Geruch schützen sowie auch uns selbst vor den Gerüchen der Proben. Sprengstoffe sind beispielsweise Chemikalien, die medizinische Probleme verursachen können, wenn sie vom Körper absorbiert werden (Gad, 2014). Zu Zeiten meiner Trainingsanfänge haben wir nie Handschuhe benutzt und ich bekam rasende Kopfschmerzen, als ich mit C-4 (USA) / PE-4 (UK) hantierte, einem auf RDX basierendem Sprengstoff. Wir wussten auch, dass Nitroglycerin-Sprengstoffe alles kontaminieren würden, womit sie in Kontakt kämen. An Tagen, an denen wir mit Nitro trainierten, haben wir immer nur dieses aus dem Vorratskeller geholt und keinen anderen Sprengstoff.

Wir möchten auch die Kontamination des Zielgeruchs vermeiden, damit die Verunreinigung nicht zum Bestandteil des Geruchsbildes werden kann. Wenn eine begrenzte Anzahl von Personen mit den Proben hantiert, dann werden ihre Düfte wiederholt in die Gegenstände imprägniert. Starke Gerüche an den Händen (Zigaretten, Öl, Parfüm, Essen, Desinfektionsmittel) können auf den Zielgeruch übertragen werden und als Bestandteil des Geruchsbildes absorbiert werden. Erinnern Sie sich an die Erfahrung, die ich mit TNT auf Filterpapier gemacht habe. Fügen Sie nicht unnötig menschlichen Duft ins Geruchsbild mit ein.

Arten von Handschuhen

Handschuhe gibt es aus unterschiedlichem Material. Die am häufigsten für das Hundetraining verwendeten beschreibe ich hier:

Art der Handschuhe	Beschreibung	Vorteile	Schutz vor
Latex	Naturkautschuk	Bequem, elastisch und gefühlsecht	Bakterien und Viren
Nitril	Synthetisch	Dehnbar und beständig	Chemikalien und Viren
Vinyl	Synthetisch	Günstige Option und bequem	Chemikalien
Polyethylen	Synthetisch	Günstig, geringer Eigengeruch, leicht auszuziehen	Geringer Schutz

Handschuhe haben eine begrenzte Haltbarkeit, die sich verringert, wenn man sie bei direkter Sonneneinstrahlung oder höheren Temperaturen lagert.

Puderfreie Varianten sind vorteilhaft, da sie kein Puder (Kontamination) auf den Gegenständen hinterlassen, mit denen Sie hantieren.

Chlorierte Handschuhe haben einen Eigengeruch und sollten nicht genutzt werden.

Regeln bei der Verwendung von Handschuhen

- Verwenden Sie bei jedem Umgang mit der Geruchsprobe frische und saubere Handschuhe.
- Wählen Sie den Handschuhtyp basierend auf Passform und Verwendung aus.
- Prüfen Sie die Handschuhe vor dem Gebrauch auf Risse und Löcher.
- Verwenden Sie unterschiedliche Handschuhe im Umgang mit Zielgerüchen oder Verleitungsgerüchen und vertauschen Sie diese nicht.
- Ziehen Sie die Handschuhe aus, wenn Sie Türen, Behältnisse oder Verstecke öffnen.
- Entsorgen Sie die Handschuhe so zeitnah wie möglich.
- Verwenden Sie nicht dieselben Handschuhe im Umgang mit unterschiedlichen Trainingsutensilien.
- Entsorgen Sie beschädigte Handschuhe.

Durch die Verwendung von Einweghandschuhen verlängern Sie die Haltbarkeit und Wirksamkeit der Geruchsproben und verbessern die Qualität der Trainingsstandards – nur einer der Vorteile der 1%-Regel.

Handhabung

Im Umgang mit den Proben können Zangen und Pinzetten genutzt werden. Ich verwende Gegenstände aus Edelstahl von medizinischer Qualität. Nach jedem Gebrauch werden sie mit Aceton gereinigt und luftgetrocknet.

Kreuzkontamination

Eine Kreuzkontamination beschreibt zum einen die Verunreinigung der Geruchsprobe durch andere Gerüche oder Partikel (Erde, Wasser, Staub, usw.) sowie die Verunreinigung der Umwelt durch die Probe.

- Beginnen Sie immer mit gereinigten Behältnissen.
- Tragen Sie immer ein frisches Paar Einweghandschuhe, wenn Sie mit den Geruchsproben und den Trainingsutensilien hantieren. Entsorgen Sie die Handschuhe nach dem Gebrauch und vor dem Umgang mit anderen Geruchsproben / Utensilien / etc.
- Lassen Sie Ihren Hund niemals in direkten Kontakt mit den Geruchsproben kommen.
- Hantieren Sie nicht unnötigerweise mit den Trainingsgerüchen / Trainingsutensilien.
- Bewahren Sie die Trainingsproben und Trainingsutensilien getrennt voneinander auf.
- Wenn ein Behälter für einen bestimmten Geruch verwendet worden ist, beschränken Sie seine Verwendung von da an ausschließlich auf diesen Geruch.

Der Umgang mit den Geruchsbehältern während des Trainings

Jedes Mal, wenn ich einen Behälter öffne und eine Probe des Zielgeruchs entnehme, gehe ich in einer strikten Reihenfolge vor.

1. Platzieren Sie den Träger am Versteckort und stellen Sie sicher, dass Türen, Schubladen, usw. geöffnet sind, damit Sie den Ort betreten und den Zielgeruch auslegen können, ohne etwas zu berühren.

2. Nehmen Sie den Zwischenbehälter auf und halten Sie ihn mit gereinigten Händen (ohne Handschuhe).

3. Stellen Sie den Behälter außerhalb des Suchgebiets ab.

4. Öffnen Sie den Behälter.

5. Ziehen Sie sich Einweghandschuhe über.

6. Entnehmen Sie den Primärbehälter.

7. Öffnen Sie den Primärbehälter am Suchort.

8. Platzieren Sie den Zielgeruch auf einem Träger.

9. Schließen Sie den Primärbehälter und legen Sie ihn zurück in den Zwischenbehälter.

10. Ziehen Sie die Handschuhe aus und schließen Sie den Behälter.

11. Wenn der Geruch gesichert ist, reinigen Sie die Außenseite des Zwischenbehälters sowie Ihre Hände mit Desinfektionstüchern.

Nach Abschluss des Trainings sammeln Sie den Zielgeruch ein, indem Sie den Vorgang wiederholen.

Wenn Sie einen Zwischenbehälter innerhalb des Trainingsbereichs öffnen, verursachen Sie möglicherweise eine Geruchswolke, die aus dem Behälter steigt und sich an der Stelle festsetzt. Manches Mal könnte das auch von Vorteil sein. Aber im

Allgemeinen ist es das nicht. Wenn beispielsweise ein Hund mit nur wenig Erfahrung einen Innenraum durchsucht, öffne ich manchmal den Behälter mit dem Zielgeruch im Raum, in dem sich das Versteck befindet. Betritt der Hund den Raum, beginnt er Partikel des Zielgeruchs in der Luft aufzunehmen, und dieser „Hinweis" wird ihn dazu bringen, intensiver zu suchen und die Quelle aufzuspüren. Allerdings möchte ich diesen Hinweis nicht in anderen Trainingssituationen geben. Also öffne ich die Behältnisse außerhalb des Trainingsbereichs. Dann trage ich den Primärbehälter zum Versteck, öffne ihn dort und lege die Geruchsprobe aus.

Der geregelte Ablauf nach dem Training

Das Saubermachen des Bereichs nach dem Training sollte Teil der Routine sein. Entfernen Sie alle Gerüche und Träger und stellen Sie sicher, dass Sie für alles, was Sie an diesem Tag verwendet haben, Rechenschaft ablegen können. Reinigen Sie dann das Versteck mit Reinigungsmitteln. Je nach Oberfläche verwende ich unterschiedliche Produkte: Bleichmittel und Wasser für den Boden, Alkohol und Aceton auf Oberflächen, etwa Kunststoff oder Fliesen und Clorox-Tücher auf Schubladen aus Holz.

Gute Routinen für gutes Training

Lagerung und Handhabung von Gerüchen sind entscheidend für den Erfolg Ihres Trainings und der Effektivität im Einsatz. Sie werden Geld sparen beim Kauf von Trainingsproben und Ablenkungsgerüchen, anstatt beschädigte oder kontaminierte ersetzen zu müssen. Sie stellen dadurch sicher, dass Ihre Trainingsorte nicht verunreinigt werden, und auch dies wird dazu beitragen, dass die Standards des Teams erreicht werden. Ehrlicherweise muss man sagen, dass die Vorbereitung des Trainings mehr Zeit in Anspruch nimmt als das eigentliche Training selbst. Aber das wird sich über kurz oder lang auszahlen.

Notizen

KAPITEL 6

Das Training der Anzeige

„Sage es mir, und ich werde es vergessen. Zeige es mir, und ich werde es vielleicht behalten. Lass es mich tun, und ich werde es können." – Konfuzius

Der letzte Teil der Kommunikationskette in der Spürhundearbeit ist das „Feedback", also die Reaktion des Hundes auf den Zielgeruch, um diesen anzuzeigen. Ohne ein Anzeigeverhalten kann der Hund nicht kommunizieren, dass er den Zielgeruch gefunden hat. Deshalb müssen wir sicherstellen, dass unser Hund ein zuverlässiges und anhaltendes Verhalten für die Anzeige lernt. Es gibt zwei Wege, die Anzeige aufzubauen. Einer besteht darin, ein bestimmtes Verhalten zu trainieren. Der andere erlaubt es dem Hund, ein natürliches Verhalten zu zeigen, um dieses dann zu verstärken. Ich bevorzuge es, ein bestimmtes Verhalten zu trainieren und entscheide mich meist für ein Sitz als Anzeigeverhalten. Wenn für einen Kunden oder ein Projekt allerdings etwas anderes erforderlich ist, dann trainiere ich das gewünschte Verhalten. Bei einem Forschungsprojekt zum Beispiel war es erforderlich, dass die Hunde ihre Nasen in ein Rohr steckten und dort für vier Sekunden verharren mussten, wenn sie den Zielgeruch lokalisiert hatten. In diesem Fall wurden die Hunde für das Einfrieren belohnt. Sie durften dabei sitzen oder stehen, wie sie wollten.

Die Wahl des Anzeigeverhaltens ist eine persönliche Entscheidung. Dennoch gibt es einige Fälle, in denen ein bestimmtes Verhalten erforderlich ist, wie zum Beispiel bei zertifizierten Standards, etwa eine Bellanzeige wie im Fall der amerikanischen Bundesagentur für Katastrophenschutz FEMA.

Der Einsatz des Kongs zum Aufbau der Anzeige

Ich nutze verschiedene Wege, um die Anzeige aufzubauen. Jeder hat seine Vor- und Nachteile. In diesem Arbeitsbuch beschreibe ich den Aufbau der Anzeige separat vom Geruch und übertrage das Verhalten dann auf den Zielgeruch. Diese Methode ist einfach und leicht anzuwenden. Bei richtiger Anwendung sind die Schritte viel progressiver und führen sehr schnell und effektiv zum gewünschten Ziel. Bei dieser Methode wird ein neutraler Geruch für den Aufbau der Anzeige genutzt. Ich verwende hierbei Kongs. Manche Trainer, und ich war viele Jahre einer von ihnen, verwenden „Kong" nicht gern als Trainingsgeruch – und ich kann ihre Bedenken verstehen. Wenn Sie sich auf einer Suche mit dem späteren Zielgeruch befinden und sich Konggeruch in der Umgebung befinden sollte, könnte Ihr Hund darauf reagieren. Dieses Risiko besteht natürlich bei den meisten Anwendungen der Sprengstoff- und Drogensuche nicht. Wenn meine Natur- und Artenschutzhunde bei einer Suche einen Kong finden würden, würden sie mir 13 Dollar für ein neues Spielzeug ersparen. Aber das ist etwas ganz anderes, als wenn die Anzeige eines Hundes den Einsatz eines Bombenräumkommandos verursachen würde. Und ich möchte auch noch anmerken, dass meine Hunde auf den Hunderten von Meilen, die sie beim Suchen absolviert haben, noch nie einen Kong gefunden haben.

Vorteile	Nachteile
▪ Gleichbleibender Geruch ▪ Leicht erhältlich ▪ Kann in winzige Stücke zerschnitten werden ▪ Wasserfest ▪ Verrottet nicht ▪ Kann vergraben werden ▪ Kann an öffentlichen Orten ausgelegt werden ▪ Kann unbeschränkt mitgeführt werden	▪ Der Hund könnte einen Kong während einer realen Suche anzeigen.

Kongs haben viele Vorteile, aber schon ein einziger für Sie wesentlicher Nachteil könnte bedeuten, dass Sie lieber davon Abstand nehmen möchten. Sie können den Kong dann durch einen beliebigen neutralen Gegenstand ersetzen, solange dieser in das Trainingssystem passt. Ich verwende Stücke des roten Kongs, da sie für einen Menschen leicht in der Umwelt zu sehen sind, jedoch wegen der unterschiedlichen Farbwahrnehmung nicht so gut für den Hund. Die verschiedenen Farben der Kongs bringen auch unterschiedliche Geruchsintensitäten mit sich. Der schwarze Kong riecht am stärksten, während die weicheren Kongs den geringsten Geruch mitbringen. Die Lösung, die dem Gummi zugesetzt wird, um ihn fester werden zu lassen, hat einen Eigengeruch. Je mehr davon zugesetzt wurde, desto höher die Geruchsintensität. Der rote Kong hat also einen starken Eigengeruch, aber wenn Ihnen das Zerschneiden zu schwerfällt, nutzen Sie rosa oder lila Kongs, denen weniger Härtelösung hinzugegeben wurde. Sie haben also einen weniger intensiven Geruch, sind aber leichter zu schneiden. Einen Kong zu zerschneiden kann schwierig sein und Zeit in Anspruch nehmen. Ein Tipp hierzu: Befeuchten Sie das Gummi. Verwenden Sie ein scharfes Messer, aber achten Sie natürlich auf Ihre Hände. Ich hatte das Glück, Kong-Material zu bekommen, das von einer Maschine zerkleinert worden war. Das hat mir viel Arbeit erspart und meine Finger waren nicht in Gefahr.

Anzeigeverhalten

In diesem Trainingsprogramm bringen wir unseren Hunden „Sitz" als Anzeige bei. Wenn Sie lieber ein anderes Verhalten trainieren möchten, ersetzen Sie einfach die Trainingsschritte vom Sitz mit der gewünschten Anzeige, etwa Platz oder Steh und Starren. Sie können auch eine Bell-Anzeige trainieren. Ich habe diese aber nicht in das Arbeitsbuch aufgenommen, um zu verhindern, dass der Ablauf der Trainingspläne verwechselt wird. Aber die einzelnen Schritte im Trainingsplan sind die gleichen, egal ob es sich um Sitz, Platz oder Bellen als Anzeigeverhalten handelt.

Klare Kommunikation geht in beide Richtungen

Die Anzeige ist das finale Glied in der Kommunikationskette. Der Hund teilt uns mit, dass er die Geruchsquelle gefunden hat. Ohne die Anzeige werden Sie nie wissen, ob der Hund den Geruch geortet hat, wodurch Sie als Spürhundeteam nicht effektiv wären. Ich habe bemerkt, dass bei ausgedehnten Suchen, bei denen die Hunde viele Zielorte gefunden haben, die Anzeige schwächer wird. Der Hund wird nach zehn Meilen in beschwerlichem Gelände und hundert Zielgerüchen müde sein. Daher kann es zu einer Verschlechterung der Sitz-Anzeige kommen. Eventuell zeigt der Hund plötzlich eine Reaktion, indem er einfriert und Sie anschaut. Die Körpersprache und die Kommunikation als Hundeführer verstehen zu können, das sind die Fähigkeiten, die Sie im Einsatz effektiv werden lassen.

Das hält uns jedoch nicht davon ab, dass wir das bestmöglich ausgeführte Anzeigeverhalten während der Geruchsprägung, des Trainings, im Auffrischungstraining und darüber hinaus erwarten.

Training ist Training. Wir sollten immer erwarten, dass die Verhaltensweisen den Standards unseres Plans entsprechen und nicht weniger akzeptieren. Es wird sich im Feld auszahlen, auch wenn Sie lange und mühselige Suchen absolvieren und zahlreiche Zielgerüche aufspüren.

Eine klare Kommunikation von Ihnen an dieser Stelle ermöglicht auch Ihrem Hund eine klare Kommunikation, wenn Sie das Training über die Geruchsprägung hinaus fortsetzen.

Trainingsplan, Lektion 5

Notiz: In den folgenden Lektionen kann die Futterbelohnung durch eine beliebige Belohnung ersetzt werden, die für Ihren Hund geeignet ist. Das System funktioniert auch mit einer Spielzeugbelohnung, auch wenn Sie hierbei womöglich aufgrund der körperlichen Betätigung des Spielens mehr Ruhezeiten benötigen.

<table>
<tr><th colspan="4">Übersicht der Stunde</th></tr>
<tr><td rowspan="2">Trainingssitzung</td><td rowspan="2">Anzeigetraining 1 – Locken ins Sitz</td><td>Tag</td><td>4</td></tr>
<tr><td>Lektion</td><td>5</td></tr>
<tr><td>Ausrüstung</td><td colspan="3">▪ Leckerli
▪ Futterbeutel oder ein Behälter</td></tr>
<tr><td>Ort</td><td colspan="3">Innenraum mit minimaler Ablenkung</td></tr>
<tr><td>Trainingsdauer</td><td colspan="3">10 x 5 Minuten</td></tr>
<tr><td>Ziel</td><td colspan="3">Dem Hund das Konzept beibringen, in ein Sitz gelockt zu werden</td></tr>
<tr><td>Zwischenziele</td><td colspan="3">▪ Dem Hund das Konzept vom Locken beibringen
▪ Dem Hund ein Sitz beibringen</td></tr>
<tr><td>Voraussetzung für die Lektion</td><td>Prüfen, ob der Clicker verstanden wurde</td><td>Voraussetzung: Lektion Nr.</td><td>4</td></tr>
<tr><td>Vorbereitung</td><td colspan="3">▪ Bereiten Sie Leckerlis für das Training vor.
▪ Der Hund sollte unangeleint sein.
▪ Die Leckerlis sollten greifbar für Sie sein – entweder in einem Futterbeutel oder in einem Behältnis nahe Ihrer Hand.
▪ Stellen Sie eine Schale mit Wasser in den Trainingsbereich.</td></tr>
<tr><td colspan="2">Anmerkungen</td><td colspan="2">Ein schneller Blick</td></tr>
</table>

Trainingsschritte	
Schritt	**Handlung**
1	Halten Sie ein Stück Futter zwischen Daumen und Zeigefinger.
2	Lassen Sie Ihren Hund am Futter riechen, während er vor Ihnen steht.
3	Halten Sie das Futter nahe an die Hundenase und führen Sie Ihre Hand nach hinten über den Kopf des Hundes.
4	(3.1) Wenn das Hinterteil des Hundes in Richtung Sitzposition zu sinken beginnt, geben Sie ihm das Leckerli.
4	(3.2) Wenn der Hund vollständig die Sitzposition erreicht hat, geben Sie ihm das Leckerli.
4	(3.3) Wenn der Hund vollständig die Sitzposition erreicht hat, clicken Sie und belohnen mit der anderen Hand.
4	(3.4) Locken Sie den Hund ohne Futter. Wenn der Hund vollständig die Sitzposition erreicht hat, clicken Sie und belohnen ihn mit der anderen Hand.
4	(3.5) Locken Sie den Hund ohne Futter. Clicken Sie, wenn der Hund in der Sitzposition ist und belohnen Sie ihn mit einem Leckerli aus dem Futterbeutel / dem Futterbehältnis.
5	Wiederholen Sie die Schritte 3 und 4 so oft, wie als Anzahl von Wiederholungen im Fortschrittsplan auf der nächsten Seite angegeben. Sobald Ihr Hund erfolgreich zwei Trainingseinheiten absolviert hat (mit Pausen), gehen Sie zur nächsten Aufgabe über.

Verwenden Sie kein Signalwort (z. B. Sitz) während des 15-tägigen Prozesses. Für die Geruchsprägung trainieren Sie das Verhalten nicht auf Signal.

Fortschrittsplan			
Aufgabe Nr.	**Zwischen-schritt**	**Beschreibung**	**Anzahl Belohnungen / Clicks**
3		**Ins Sitz locken**	
	3.1	Locken Sie den Hund in die Sitzposition – bei diesem Schritt muss er die Position noch nicht vollständig einnehmen	4
	3.2	Locken Sie den Hund in die Sitzposition.	4
	3.3	Locken Sie den Hund in die Sitzposition – belohnen Sie ihn mit der anderen Hand.	3
	3.4	Locken Sie den Hund ohne Futter in der Hand in die Sitzposition – belohnen Sie ihn mit der anderen Hand.	3
	3.5	Locken Sie den Hund ohne Futter in die Sitzposition – belohnen Sie ihn aus dem Futterbeutel / dem Futterbehältnis.	4

Fortschrittskontrolle	
Kann der Hund ohne Futter in der Hand ins Sitz gelockt werden?	Ja / Nein
Wenn nein, wiederholen Sie den Zwischenschritt 3.5 und bewerten Sie erneut.	

Trainingsplan Lektion 6

Notiz: Wenn Sie im Trainingsplan voranschreiten, können Sie sich auch dafür entscheiden, keinen Kong und stattdessen einen Flaschendeckel o.ä. zu verwenden. Dann profitieren Sie allerdings auch nicht von den Vorteilen des Kong-Geruchs in Ihrem zukünftigen Training, vor allem, wenn Sie dann in die Suchen übergehen. Wenn Sie sich mit Kong als Geruch nicht wohlfühlen, hindert Sie das aber nicht daran, mit den Schritten des Arbeitsbuches fortzufahren. Ersetzen Sie einfach „Kong" durch eine Metallscheibe, eine Münze oder ein anderes ähnliches neutrales Ziel.

<table>
<tr><th colspan="4">Übersicht der Stunde</th></tr>
<tr><td rowspan="2">Trainingssitzung</td><td rowspan="2">Anzeigetraining 2 – Locken ins Sitz mittels eines Flaschendeckels / Kong</td><td>Tag</td><td>5</td></tr>
<tr><td>Lektion</td><td>6</td></tr>
<tr><td>Ausrüstung</td><td colspan="3">▪ Leckerli
▪ Futterbeutel oder ein Behälter
▪ Deckel einer Plastikflasche (oder vergleichbar)
▪ Kongstück von etwa 5 x 5 cm</td></tr>
<tr><td>Ort</td><td colspan="3">Innenraum mit minimaler Ablenkung</td></tr>
<tr><td>Trainingsdauer</td><td colspan="3">8 x 5 Minuten</td></tr>
<tr><td>Ziel</td><td colspan="3">Dem Hund das Konzept beibringen, mithilfe eines Flaschendeckels / Kongs in ein Sitz gelockt zu werden</td></tr>
<tr><td>Zwischenziele</td><td colspan="3">▪ Dem Hund das Konzept Sitz beibringen, wenn der Flaschendeckel präsentiert wird
▪ Dem Hund beibringen, ein Sitzverhalten am Flaschendeckel anzubieten</td></tr>
<tr><td>Voraussetzung für die Lektion</td><td>Anzeige Training 1 – Locken ins Sitz</td><td>Voraussetzung: Lektion Nr.</td><td>5</td></tr>
<tr><td>Vorbereitung</td><td colspan="3">▪ Bereiten Sie Futterstückchen für das Training vor.
▪ Der Hund sollte unangeleint sein.
▪ Die Leckerlis sollten greifbar für Sie sein – entweder in einem Futterbeutel oder in einem Behältnis nahe Ihrer Hand.
▪ Stellen Sie sicher, dass der Flaschendeckel / Kong gereinigt ist.
▪ Stellen Sie eine Schale mit Wasser in den Trainingsbereich.</td></tr>
<tr><td colspan="2">Anmerkungen</td><td colspan="2">Ein schneller Blick</td></tr>
</table>

Trainingsschritte	
Schritt	**Handlung**
1	Halten Sie den Flaschendeckel mit einem darunter versteckten Stück Leckerli und einem Kongstück in Ihrer Hand.
2	(4.1) Locken Sie den Hund ins Sitz, sodass er den Flaschendeckel / Kong sehen kann. Sobald er sitzt, lassen Sie das Futter unter dem Deckel fallen.
2	(4.2) Bewegen Sie die Hand mit dem Flaschendeckel / Kong weg vom Hund, sodass er der Hand für etwa einen Meter folgt. Verharren Sie, wenn der Hund sich Ihrer Hand nähert, und locken Sie ihn mit einer leichten Bewegung ins Sitz. Lassen Sie wieder das Futter unter dem Deckel fallen, wenn der Hund in Position mit Blick auf den Deckel sitzt.
2	(4.3) Bewegen Sie die Hand mit dem Flaschendeckel / Kong weg vom Hund, sodass er der Hand für etwa einen Meter folgt. Verharren Sie und warten Sie auf ein Sitz des Hundes. Wenn benötigt, führen Sie die Hand ein kleines Stück nach oben und hinter den Kopf des Hundes. Schleichen Sie diese Hilfe aber so schnell wie möglich aus.
3	Wiederholen Sie die Schritte 3 und 4 so oft, wie als Anzahl von Wiederholungen im nebenstehenden Fortschrittsplan angegeben. Sobald Ihr Hund erfolgreich zwei Trainingseinheiten absolviert hat (mit Pausen), gehen Sie zur nächsten Aufgabe über.

Verwenden Sie kein Signalwort (z. B. Sitz) während des 15-tägigen Prozesses. Für die Geruchsprägung trainieren Sie das Verhalten nicht auf Signal.

Fortschrittsplan			
Aufgabe Nr.	**Zwischen-schritt**	**Beschreibung**	**Anzahl Belohnungen / Clicks**
4		**Ins Sitz locken mittels Flaschendeckel und Kong**	
	4.1	Locken Sie den Hund mit dem Flaschendeckel / Kong in der Lockhand in die Sitzposition	4
	4.2	Bewegen Sie die Hand etwa einen Meter vom Hund weg und locken Sie ihn in ein Sitz.	6
	4.3	Bewegen Sie die Hand etwa einen Meter vom Hund weg und warten Sie darauf, dass der Hund selbständig ein Sitz anbietet.	5

Fortschrittskontrolle	
Kann der Hund sich selbständig setzen, wenn er sich der Hand mit dem Flaschendeckel / Kong nähert?	Ja / Nein
Wenn nein, wiederholen Sie den Zwischenschritt 4.3 und bewerten Sie erneut.	

Trainingsplan Lektion 7

<table>
<tr><th colspan="4">Übersicht der Stunde</th></tr>
<tr><td rowspan="2">Trainingssitzung</td><td rowspan="2">Anzeigetraining 3 – Sitzen und Starren auf den Flaschendeckel / Kong in unterschiedlichen Höhen</td><td>Tag</td><td>6</td></tr>
<tr><td>Lektion</td><td>7</td></tr>
<tr><td>Ausrüstung</td><td colspan="3">▪ Leckerli
▪ Futterbeutel oder ein Behälter
▪ Deckel einer Plastikflasche (oder vergleichbar)
▪ Kongstück von etwa 5x5cm</td></tr>
<tr><td>Ort</td><td colspan="3">Innenraum mit minimaler Ablenkung</td></tr>
<tr><td>Trainingsdauer</td><td colspan="3">10x5 Minuten</td></tr>
<tr><td>Ziel</td><td colspan="3">Dem Hund mithilfe eines Flaschendeckels / Kong in unterschiedlichen Höhen das Konzept Sitz beibringen.</td></tr>
<tr><td>Zwischenziele</td><td colspan="3">▪ Dem Hund das Konzept Sitz beibringen, wenn der Flaschendeckel / Kong präsentiert wird
▪ Dem Hund beibringen, ein Sitzverhalten am Flaschendeckel / Kong anzubieten
▪ Dem Hund beibringen, dass er den Flaschendeckel / Kong anstarrt
▪ Verschiedene Höhen einführen</td></tr>
<tr><td>Voraussetzung für die Lektion</td><td>Anzeigetraining 2 – Locken ins Sitz mit einem Flaschendeckel</td><td>Voraus-setzung: Lektion Nr.</td><td>6</td></tr>
<tr><td>Vorbereitung</td><td colspan="3">▪ Bereiten Sie Leckerlis für das Training vor.
▪ Der Hund sollte unangeleint sein.
▪ Die Leckerlis sollten greifbar für Sie sein – entweder in einem Futterbeutel oder in einem Behältnis nahe Ihrer Hand.
▪ Stellen Sie sicher, dass der Flaschendeckel / Kong gereinigt ist.
▪ Stellen Sie eine Schale mit Wasser in den Trainingsbereich.</td></tr>
<tr><td colspan="2">Anmerkungen</td><td colspan="2">Ein schneller Blick</td></tr>
</table>

Trainingsschritte	
Schritt	**Handlung**
1	Halten Sie den Flaschendeckel mit einem darunter versteckten Stück Leckerli und obendrauf einem Kongstück in Ihrer Hand.
2	(5.1) Bewegen Sie die Hand mit dem Flaschendeckel / Kong weg vom Hund, sodass er der Hand für etwa einen Meter folgt. Lassen Sie Ihre Hand etwa auf Brusthöhe des Hundes verharren. Wenn er sich nähert und ein Sitz anbietet, lassen Sie das Leckerli unter dem Deckel fallen. Stellen Sie sicher, dass der Hund auf den Flaschendeckel schaut.
2	(5.2) Bewegen Sie die Hand mit dem Flaschendeckel / Kong weg vom Hund, sodass er der Hand für etwa einen Meter folgt. Legen Sie den Flaschendeckel mit dem Leckerli darunter auf den Boden. Behalten Sie die Finger auf dem darauf liegenden Kongstück, um zu verhindern, dass sich der Hund selbst belohnt oder aktiv anzeigt. Heben Sie den Flaschendeckel an, wenn der Hund ein Sitz anbietet und auf den Flaschendeckel / Kong schaut, damit er das Leckerli bekommt.
2	(5.3) Bewegen Sie die Hand mit dem Flaschendeckel / Kong weg vom Hund, sodass er der Hand für etwa einen Meter folgt Legen Sie den Flaschendeckel OHNE Leckerli darunter auf den Boden. Behalten Sie die Finger auf dem darauf liegenden Kongstück. Wenn der Hund ein Sitz anbietet und auf den Flaschendeckel / Kong schaut, lassen Sie Futter über seinem Kopf fallen. Versuchen Sie, dabei den Flaschendeckel / Kong zu treffen oder so nahe wie möglich heranzukommen.
2	(5.4) Bewegen Sie die Hand mit dem Flaschendeckel / Kong weg vom Hund, sodass er der Hand für etwa einen Meter folgt. Legen Sie den Flaschendeckel OHNE Leckerli darunter auf den Boden. Entfernen Sie langsam Ihre Hand vom Flaschendeckel / Kong. Wenn der Hund ein Sitz anbietet und auf den Flaschendeckel / Kong schaut, lassen Sie Futter über seinem Kopf fallen. Versuchen Sie, dabei den Flaschendeckel / Kong zu treffen oder so nahe wie möglich heranzukommen.
2	(5.5) Bewegen Sie die Hand mit dem Flaschendeckel / Kong weg vom Hund, sodass er der Hand für etwa einen Meter folgt. Legen Sie den Flaschendeckel OHNE Leckerli darunter auf den Boden. Entfernen Sie sofort Ihre Hand vom Flaschendeckel / Kong. Wenn der Hund ein Sitz anbietet und auf den Flaschendeckel / Kong schaut, lassen Sie Futter über seinem Kopf fallen. Versuchen Sie, dabei den Flaschendeckel / Kong zu treffen oder so nahe wie möglich heranzukommen.
3	Wiederholen Sie Schritt 2 so oft, wie als Anzahl von Wiederholungen im umseitigen Fortschrittsplan angegeben. Sobald Ihr Hund erfolgreich zwei Trainingseinheiten absolviert hat (mit Pausen), gehen Sie zur nächsten Aufgabe über.

Verwenden Sie kein Signalwort (z. B. Sitz) während des 15-tägigen Prozesses. Für die Geruchsprägung trainieren Sie das Verhalten nicht auf Signal.

Fortschrittsplan			
Aufgabe Nr.	**Zwischen-schritt**	**Beschreibung**	**Anzahl Belohnungen / Clicks**
5		**Sitz und Starren auf Flaschendeckel / Kong in verschiedenen Höhen**	
	5.1	Bewegen Sie die Hand mit dem Flaschendeckel etwa einen Meter und verharren Sie in etwa auf Brusthöhe des Hundes.	4
	5.2	Bewegen Sie die Hand mit dem Flaschendeckel etwa einen Meter und legen Sie sie auf dem Boden ab mit einem Leckerli unter dem Deckel.	5
	5.3	Bewegen Sie die Hand mit dem Flaschendeckel etwa einen Meter und legen Sie sie ohne ein Leckerli darunter auf dem Boden ab.	6
	5.4	Bewegen Sie die Hand mit dem Flaschendeckel etwa einen Meter und legen Sie sie ohne ein Leckerli darunter auf dem Boden ab. Beginnen Sie damit, die Hand auf dem Deckel auszuschleichen.	4
	5.5	Bewegen Sie die Hand mit dem Flaschendeckel etwa einen Meter und legen Sie sie ohne ein Leckerli darunter auf dem Boden ab. Entfernen Sie die Hand sofort.	5

Fortschrittskontrolle	
Kann der Hund sich hinsetzen und den Flaschendeckel / Kong anstarren?	Ja / Nein
Wenn nein, wiederholen Sie den Zwischenschritt 5.3 und bewerten Sie erneut.	

Trainingsplan Lektion 8

Übersicht der Stunde			
Trainingssitzung	Anzeigetraining 4 – Ausdauerndes Sitzen und Starren auf den Flaschendeckel / Kong	**Tag**	7
		Lektion	8
Ausrüstung	▪ Leckerli ▪ Futterbeutel oder ein Behälter ▪ Deckel einer Plastikflasche (oder vergleichbar) ▪ Kongstück von etwa 5x5cm		
Ort	Innenraum mit minimaler Ablenkung		
Trainingsdauer	8x5 Minuten		
Ziel	Dem Hund das Konzept von einem ausdauernden Sitzen und Starren auf einen Flaschendeckel / Kong beibringen.		
Zwischenziele	Dem Hund das Konzept beibringen, ausdauernd zu sitzen und auf einen Flaschendeckel zu starren.		
Voraussetzung für die Lektion	Anzeige Training 3 – Locken ins Sitz mit einem Flaschendeckel / Kong in verschiedenen Höhen	**Voraus-setzung: Lektion Nr.**	7
Vorbereitung	▪ Bereiten Sie Futterstückchen für das Training vor. ▪ Der Hund sollte unangeleint sein. ▪ Die Leckerlis sollten greifbar für Sie sein – entweder in einem Futterbeutel oder in einem Behältnis nahe Ihrer Hand. ▪ Stellen Sie sicher, dass der Flaschendeckel / Kong gereinigt ist. ▪ Stellen Sie eine Schale mit Wasser in den Trainingsbereich.		
Anmerkungen		**Ein schneller Blick**	

Trainingsschritte	
Schritt	**Handlung**
1	(6.1) Legen Sie den Flaschendeckel / Kong in Sichtweite des Hundes auf den Boden und entfernen Sie Ihre Hand. Nähert sich der Hund und zeigt ein Sitz als Anzeigeverhalten, warten Sie drei Sekunden und lassen Sie dann von oben eine Belohnung fallen. Stellen Sie sicher, dass der Hund auf den Flaschendeckel / Kong schaut.
1	(6.2) Legen Sie den Flaschendeckel / Kong in Sichtweite des Hundes auf den Boden und bewegen Sie Ihre Hand davon weg. Nähert sich der Hund und zeigt ein Sitz als Anzeigeverhalten, warten Sie fünf Sekunden und lassen Sie dann von oben eine Belohnung fallen. Stellen Sie sicher, dass der Hund auf den Flaschendeckel / Kong schaut.
1	(6.3) Legen Sie den Flaschendeckel / Kong in Sichtweite des Hundes auf den Boden und bewegen Sie Ihre Hand davon weg. Nähert sich der Hund und zeigt ein Sitz als Anzeigeverhalten, warten Sie sieben Sekunden und lassen Sie dann von oben eine Belohnung fallen. Stellen Sie sicher, dass der Hund auf den Flaschendeckel / Kong schaut.
1	(6.4) Legen Sie den Flaschendeckel / Kong in Sichtweite des Hundes auf den Boden und bewegen Sie Ihre Hand davon weg. Nähert sich der Hund und zeigt ein Sitz als Anzeigeverhalten, variieren Sie mit der Länge des Verhaltens zwischen einer und sieben Sekunden. Dann lassen Sie eine Belohnung von oben fallen. Stellen Sie sicher, dass der Hund auf den Flaschendeckel / Kong schaut.
2	Wiederholen Sie Schritt 1 so oft, wie als Anzahl von Wiederholungen im nebenstehenden Fortschrittsplan angegeben. Sobald Ihr Hund erfolgreich zwei Trainingseinheiten absolviert hat (mit Pausen), gehen Sie zur nächsten Aufgabe über.

Verwenden Sie kein Signalwort (z. B. Sitz) während des 15-tägigen Prozesses. Für die Geruchsprägung trainieren Sie das Verhalten nicht auf Signal.

Fortschrittsplan			
Aufgabe Nr.	**Zwischen-schritt**	**Beschreibung**	**Anzahl Belohnungen / Clicks**
6		**Ausdauerndes Sitzen und Starren auf Flaschendeckel / Kong**	
	6.1	Der Hund kann für drei Sekunden sitzen und auf den Flaschendeckel / Kong starren.	4
	6.2	Der Hund kann für fünf Sekunden sitzen und auf den Flaschendeckel / Kong starren.	3
	6.3	Der Hund kann für sieben Sekunden sitzen und auf den Flaschendeckel / Kong starren.	5
	6.4	Der Hund kann für eine variable Zeit zwischen einer und sieben Sekunden sitzen und auf den Flaschendeckel / Kong starren.	4

Fortschrittskontrolle	
Kann der Hund sich hinsetzen und den Flaschendeckel / Kong für sieben Sekunden anstarren?	Ja / Nein
Wenn nein, wiederholen Sie den Zwischenschritt 6.2 und bewerten Sie erneut.	

Trainingsplan Lektion 9

Übersicht der Stunde			
Trainingssitzung	Anzeigetraining 5 – Ausdauerndes Sitzen und Starren auf den Flaschendeckel / Kong und Einsatz des Markers	**Tag**	8
		Lektion	9
Ausrüstung	▪ Clicker (oder ausgewählter Marker) ▪ Leckerli ▪ Futterbeutel oder ein Behälter ▪ Deckel einer Plastikflasche (oder vergleichbar) ▪ Kongstück von etwa 5x5cm		
Ort	Innenraum mit minimaler Ablenkung		
Trainingsdauer	6x5 Minuten		
Ziel	Dem Hund beibringen, die Anzeige so lange zu halten, bis der Marker zum Einsatz kommt.		
Zwischenziele	▪ Dem Hund das Konzept beibringen, ausdauernd zu sitzen und auf einen Flaschendeckel zu starren. ▪ Das Verhalten testen, während Sie sich von dem Flaschendeckel / Kong entfernen. ▪ Dem Hund beibringen, dass der Marker das Verhalten beendet. ▪ Dem Hund beibringen, dass er sich für die Belohnung von der Quelle entfernen kann.		
Voraussetzung für die Lektion	Anzeigetraining 4 – Ausdauerndes Sitzen und Starren auf den Flaschendeckel / Kong	**Voraussetzung: Lektion Nr.**	8
Vorbereitung	▪ Bereiten Sie Leckerlis für das Training vor. ▪ Der Hund sollte unangeleint sein. ▪ Die Leckerlis sollten greifbar für Sie sein – entweder in einem Futterbeutel oder in einem Behältnis nahe Ihrer Hand. ▪ Achten Sie darauf, dass der Clicker (Marker) funktionstüchtig ist. ▪ Stellen Sie sicher, dass der Flaschendeckel / Kong gereinigt ist. ▪ Stellen Sie eine Schale mit Wasser in den Trainingsbereich.		
Anmerkungen		**Ein schneller Blick**	

Trainingsschritte

Schritt	Handlung
1	Legen Sie den Flaschendeckel / Kong in Sichtweite des Hundes auf den Boden und entfernen Sie Ihre Hand.
2	(7.1) Wenn der Hund sich nähert und ein Sitz anbietet, warten Sie fünf Sekunden und clicken (markern) Sie. Achten Sie darauf, dass der Hund den Flaschendeckel / Kong anstarrt, wenn Sie clicken.
2	(7.2) Wenn der Hund sich nähert und ein Sitz anbietet, variieren Sie die Länge des Verhaltens zwischen einer und sieben Sekunden und clicken Sie. Achten Sie darauf, dass der Hund den Flaschendeckel / Kong anstarrt, wenn Sie clicken.
2	(7.3) Stehen Sie auf und bewegen Sie den Flaschendeckel / Kong. Wenn der Hund sich nähert und ein Sitz anbietet, variieren Sie die Länge des Verhaltens zwischen einer und sieben Sekunden und clicken Sie. Achten Sie darauf, dass der Hund den Flaschendeckel / Kong anstarrt, wenn Sie clicken.
3	Wiederholen Sie die Schritte 1 und 2 so oft, wie als Anzahl von Wiederholungen im untenstehenden Fortschrittsplan angegeben. Sobald Ihr Hund erfolgreich zwei Trainingseinheiten absolviert hat (mit Pausen), gehen Sie zur nächsten Aufgabe über.

Verwenden Sie kein Signalwort (z. B. Sitz) während des 15-tägigen Prozesses. Für die Geruchsprägung trainieren Sie das Verhalten nicht auf Signal.

Fortschrittsplan			
Aufgabe Nr.	**Zwischen-schritt**	**Beschreibung**	**Anzahl Belohnungen / Clicks**
7		**Ausdauerndes Sitzen und Starren auf Flaschendeckel / Kong, das mit dem Click beendet wird**	
	7.1	Der Hund kann für drei Sekunden sitzen und auf den Flaschendeckel / Kong starren.	4
	7.2	Der Hund kann variabel eine bis sieben Sekunden sitzen und auf den Flaschendeckel / Kong starren.	3
	7.3	Der Hund kann variabel eine bis sieben Sekunden sitzen und auf den Flaschendeckel / Kong starren.	5

Fortschrittskontrolle	
Kann der Hund sich hinsetzen und den Flaschendeckel / Kong für sieben Sekunden anstarren und auf den Click das Verhalten beenden?	Ja / Nein
Wenn nein, wiederholen Sie den Zwischenschritt 7.2 und bewerten Sie erneut.	

Jetzt da Sie ein Sitz als passives Anzeigeverhalten auf den Flaschendeckel / Kong trainiert haben, können Sie den Flaschendeckel entfernen und nur noch Kong verwenden.

Trainingsplan Lektion 10

Übersicht der Stunde			
Trainingssitzung	Anzeigetraining 6 – Sitzen und Starren auf Kong	**Tag**	9
		Lektion	10
Ausrüstung	▪ Clicker (oder ausgewählter Marker) ▪ Leckerli ▪ Futterbeutel oder ein Behälter ▪ Kongstück von etwa 5x5cm		
Ort	Innenraum mit minimaler Ablenkung		
Trainingsdauer	4x5 Minuten		
Ziel	Dem Hund das Konzept beibringen, auf ein Kongstück mit einem Sitz und Starren anzuzeigen		
Zwischenziele	▪ Dem Hund das Konzept beibringen, ausdauernd zu sitzen und auf ein Kongstück zu starren. ▪ Dem Hund beibringen, dass der Marker das Verhalten beendet. ▪ Dem Hund beibringen, dass er sich für die Belohnung von der Quelle entfernen kann.		
Voraussetzung für die Lektion	Anzeigetraining 5 – Ausdauerndes Sitzen und Starren auf den Flaschendeckel / Kong mit Einsatz des Markers	**Voraussetzung: Lektion Nr.**	9
Vorbereitung	▪ Bereiten Sie Leckerlis für das Training vor. ▪ Der Hund sollte unangeleint sein. ▪ Die Leckerlis sollten greifbar für Sie sein – entweder in einem Futterbeutel oder in einem Behältnis nahe Ihrer Hand. ▪ Achten Sie darauf, dass der Clicker (Marker) funktionstüchtig ist. ▪ Stellen Sie sicher, dass der Flaschendeckel und das Kongstück gereinigt sind. ▪ Stellen Sie eine Schale mit Wasser in den Trainingsbereich.		
Anmerkungen		**Ein schneller Blick**	

Trainingsschritte	
Schritt	**Handlung**
1	(8.1) Legen Sie das Kongstück in Sichtweite des Hundes auf den Boden. Lassen Sie einen Finger auf oder direkt über dem Kongstück. Riecht der Hund daran, bevor er sich hinsetzt, ist das akzeptabel. Nähert er sich und bietet ein Sitz an, warten Sie drei Sekunden und clicken (markern). Achten Sie darauf, dass der Hund das Kongstück anstarrt, wenn Sie clicken.
1	(8.2) Legen Sie das Kongstück in Sichtweite des Hundes auf den Boden. Lassen Sie einen Finger auf oder direkt über dem Kongstück. Riecht der Hund daran, bevor er sich hinsetzt, ist das akzeptabel. Nähert er sich und bietet ein Sitz an, warten Sie fünf Sekunden und clicken (markern). Achten Sie darauf, dass der Hund das Kongstück anstarrt, wenn Sie clicken.
1	(8.3) Legen Sie das Kongstück in Sichtweite des Hundes auf den Boden. Lassen Sie einen Finger auf oder direkt über dem Kongstück. Riecht der Hund daran, bevor er sich hinsetzt, ist das akzeptabel. Nähert er sich und bietet ein Sitz an, warten Sie variabel eine bis sieben Sekunden und clicken. Achten Sie darauf, dass der Hund das Kongstück anstarrt, wenn Sie clicken.
2	Wiederholen Sie Schritt 1 so oft, wie als Anzahl von Wiederholungen im untenstehenden Fortschrittsplan angegeben. Sobald Ihr Hund erfolgreich zwei Trainingseinheiten absolviert hat (mit Pausen), gehen Sie zur nächsten Aufgabe über.

Verwenden Sie kein Signalwort (z. B. Sitz) während des 15-tägigen Prozesses. Für die Geruchsprägung trainieren Sie das Verhalten nicht auf Signal.

Fortschrittsplan			
Aufgabe Nr.	**Zwischen-schritt**	**Beschreibung**	**Anzahl Belohnungen / Clicks**
8		**Ausdauerndes Sitzen und Starren auf das Kongstück, während Sie sich entfernen und das Verhalten mit dem Click beenden**	
	8.1	Der Hund nähert sich dem Kongstück und kann für drei Sekunden sitzen und starren.	4
	8.2	Der Hund nähert sich dem Kongstück und kann für fünf Sekunden sitzen und starren.	3
	8.3	Der Hund nähert sich dem Kongstück und kann variabel für eine bis sieben Sekunden sitzen und starren.	5

Fortschrittskontrolle	
Kann der Hund sich hinsetzen und Kongstück für sieben Sekunden anstarren und auf den Click das Verhalten beenden?	Ja / Nein
Wenn nein, wiederholen Sie den Zwischenschritt 8.1 und bewerten Sie erneut.	

Notizen

KAPITEL 7

Die Methode der Prägung

Sobald der Hund das Anzeigetraining abgeschlossen hat und die Fortschrittskontrolle für Lektion 10 bestanden hat, können Sie mit der Geruchsprägung beginnen. Die Prägung geschieht dann, wenn wir einem Hund einen Zielgeruch zeigen und eine Brücke vom Geruch zum Verhalten (Anzeige) bilden.

Auf der ersten Stufe verwende ich nur eine einzige Quelle des Zielgeruchs, weil ich Konsistenz beim Lernen anstrebe. Erst wenn der Hund diese Phase abgeschlossen und die Fortschrittskontrolle bestanden hat, füge ich verschiedene Variationen des Zielgeruchs hinzu. Der Hund muss zu 100 % verstehen, was von ihm erwartet wird, wenn er einen Zielgeruch lokalisiert. Zudem muss er die Verhaltensweisen ausgiebig üben dürfen, sodass sie im Gehirn fest verankert werden. Ich vergleiche die Sequenz vom Finden zum Anzeigen mit einer Motte, die zum Licht fliegt: Sie kann nicht anders!

Was ist der genaue Plan?

Nachdem Sie die Fortschrittskontrolle für Lektion 10 bestanden haben, sind Sie nun so weit, den Hund mit den Geruchsbehältern bekanntmachen zu können. Diese unterscheiden sich von den Primär- und Zwischenbehältnissen, die wir für Lagerung und Transport der Gerüche brauchen. Die Geruchsbehälter werden auf den Boden gestellt, damit der Hund während des Trainings damit interagieren kann. Ich verwende gern geruchsarme Behältnisse aus Glas oder Edelstahl (z. B. Einmachgläser mit Siebdeckeln oder Gewürzstreuer aus Edelstahl, in deren Deckel Löcher hineingestanzt sind).

Die erste Stufe besteht darin, dem Hund beizubringen, dass die Behältnisse auf dem Boden es wert sind, sich mit ihnen zu beschäftigen. Um den Transfer zum Behälter zu schaffen, verwenden wir ein Kongstück und, im ersten Schritt, einen Behälter ohne Deckel. Der Hund wird zunächst dafür belohnt, dass er den Behälter beschnüffelt. Später dann für ein Schnüffeln und Sitzen. Zusätzliche Behälter werden daneben in einer Reihe (im so genannten Line up) hinzugefügt, und sobald der Hund verstanden hat, dass es sich lohnt, sich mit den Behältern zu befassen, werden auch noch die Deckel angebracht.

Sobald das Abschnüffeln des Behälters sowie das Sitz als Anzeige gezeigt werden, fügen wir den Zielgeruch hinzu. Der Hund zeigt weiterhin das Schnüffeln-Sitz-Belohnungs-Muster, aber von nun an ist der Zielgeruch Teil des Geruchsbilds.

Wenn Sie an dieser Stelle Ihren Zielgeruch noch nicht haben oder kennen, können Sie mit dem Trainingsplan fortfahren, indem Sie Kong verwenden. Sobald Sie den Zielgeruch dann haben, können Sie im Trainingsplan an diesem Schritt erneut ansetzen, um den Zielgeruch einzuführen.

Wenn die Hunde den Zielgeruch erschnüffeln und anzeigen können, können wir das Verhalten testen und Unterscheidungstraining einführen. Hierfür benötigen wir zunächst Verleitungsgerüche und Auswahlmöglichkeiten, bevor die Komplexität des Zielgeruchs erhöht wird. Bis jetzt hatte der Hund nur eine Wahlmöglichkeit, und solange er das gewünschte Verhalten zeigte, wurde er dafür belohnt. Von nun an führen wir das Konzept ein, dass belohnenswertes Verhalten ausschließlich von dem Zielgeruch ausgelöst werden kann.

Möglicherweise wird Ihr Hund einen Nullbehälter (leeren Behälter) anzeigen. Das ist nicht ungewöhnlich und zeigt nur, dass er ein zuvor belohntes Verhalten wiederholt. Die Löschung ist mit Abstand der beste Ansatz, um dieses Verhalten loszuwerden (s. Terminologie S. 15). Lassen Sie sich nicht dazu verleiten, sich einzumischen und dem Hund zu zeigen, was er zu tun hat. Wenn Sie dies tun, besteht die Gefahr, dass der Hund lernt, sobald er Schwierigkeiten beim Lösen einer Aufgabe hat, einfach darauf zu warten, dass sein Mensch ihm zur Hilfe eilt. Wir wollen aber einen Spürhund vorbereiten, der bei der Sucharbeit auftretende Probleme selbst lösen kann und sich nicht die ganze Zeit auf seinen Menschen verlässt.

Für den Fall, dass der Hund gestresst ist und anhaltendes Beschwichtigungsverhalten zeigt, beenden Sie am besten die Trainingssitzung. Geben Sie Ihrem Hund eine Pause, überlegen Sie, ob Sie Ihren Ansatz anpassen müssen und machen erst dann mit dem Training weiter.

Hat Ihr Hund gelernt, zwischen dem Zielbehälter und dem Nullbehälter zu unterscheiden, dann fügen Sie einen zweiten Nullbehälter hinzu. Es ist zwar für den Hund von Vorteil, die drei Behälter in der Reihenfolge null, null, Zielgeruch abzusuchen und dann den Zielgeruch anzuzeigen, aber es wird nicht bei dieser Reihenfolge bleiben, da Sie den Zielgeruchbehälter immer wieder verschieben werden und Ihrem Hund keine bestimmte Reihenfolge für die Suche vorgeben werden. Das ist wichtig – signalisieren Sie Ihrem Hund nicht, dass er zu einem bestimmten Behälter gehen soll! Das Suchmuster muss also nicht unbedingt sequenziell sein mit zwei Nullbehältern und dann dem Behälter mit dem Zielgeruch (in genau dieser Reihenfolge). Solange der Hund die Behältnisse absucht und korrekt anzeigt, ist dies aber akzeptabel. An dieser Stelle wollen wir Selbstvertrauen und Verständnis für dieses Spiel trainieren, und das meint, dass Ihr Hund versteht, wie man die Spürhundearbeit „spielt“.

Stellen Sie sicher, dass Sie die Behälter nach jedem Durchgang umstellen, damit sie sich nicht die ganze Zeit in der gleichen Position befinden. Wenn Sie einen Assistenten haben, der dies für Sie erledigen kann, dann macht es die Arbeit leichter. Tragen Sie außerdem Handschuhe und vermeiden Sie es, den Zielgeruchbehälter und dann die anderen Behälter ohne Wechsel der Handschuhe dazwischen anzufassen. Andernfalls könnten Sie den Zielgeruch auf die leeren Behälter übertragen.

Wir werden nun den Aufbau wie beim Geruchserkennungstest (Odor Recognition Test – ORT) vorstellen, nämlich eine lineare Anordnung von Behältnissen direkt vom Hund / Hundeführer weg. Es gibt keinen besonderen Vorteil bei der Verwendung dieses Systems, außer dass eine „wahrscheinlichere“ Suchsequenz dargestellt wird. Zudem gewöhnt es die Hunde an den Standardaufbau beim ORT, der eine gängige Beurteilung für Zertifizierungen und Turniere ist. Es schadet also nicht, in dieser Phase mit dem Training dieses Konzepts zu beginnen. Es ist jedoch keine Voraussetzung und Sie können die Behälter in jeder gewünschten Aufstellung positionieren.

An diesem Punkt geht der Hund erfolgreich über Nullbehälter hinweg und zeigt die Behältnisse mit dem Zielgeruch an. Jetzt fangen Sie an, Verleitungsgerüche beizufügen. Der Hund muss also unterscheiden, welche Behälter den Zielgeruch enthalten und diejenigen mit den Ablenkungen ignorieren. Zunächst fügen wir nur sehr schwache Verleitungsgerüche hinzu, denn wir möchten die Hunde ja nicht austricksen und zu einer Fehlanzeige verleiten. Wir möchten ihn vielmehr so trainieren bzw. coachen, dass er die Spielregeln versteht und die richtigen Entscheidungen trifft. Das ist der Punkt, an dem das Schwarz-Weiß-Verhalten wesentlich ist und es kein Grau gibt. Schwache Störgerüche können zum Beispiel sein:

- Papier
- Karton (nicht von Lebensmittelverpackungen)
- Baumwolle
- Gaze
- Einweghandschuhe (neu / sauber)
- Unterlegscheiben aus Metall

Das Ziel der schwach riechenden Verleitungsgerüche besteht darin, dass sie einen für den Hund nicht begehrenswerten Geruch hinzufügen, den er zwar wahrnehmen kann, von dem aber keinerlei Reaktion hervorgerufen wird. Dem Hund fällt es so leicht, die Verleitungen zu ignorieren. Er versteht, dass er an einem der anderen Behälter die Möglichkeit hat, belohnt zu werden.

Schafft es der Hund, die Verleitungsgerüche auf niedrigem Level zu ignorieren, erhöhen Sie die Schwierigkeit und fügen intensiver riechende hinzu. Das könnten z. B. sein:

- Hotdog
- Knabbereien
- Ein Stück Tennisball
- Kaffee
- Mit sauberen Händen getragene Einweghandschuhe (kein Zielgeruch)

Diese stärkeren bzw. höherwertigen Verleitungsgerüche sollen für den Hund interessanter sein, aber dennoch keine Reaktion bei ihm hervorrufen. Er kann sie leicht ignorieren, weil er nun schon versteht, dass es an einem der anderen Behälter für ihn die Möglichkeit gibt, eine Belohnung zu erhalten.

Die Geruchsprägung ist Ihre Gelegenheit, mit dem Hund klar und effektiv zu kommunizieren, was genau der Geruch ist, den er anzeigen soll. Wenn Sie eine klare Kommunikation hinsichtlich des Zielgeruchs schaffen, dann werden Sie im Verlauf des Trainings merken, dass das Verhalten konsistent und ausbalanciert bleibt. Auch werden Sie feststellen, dass in realen Einsätzen das Aufspüren des Zielgeruchs stabil sein wird und mit einem konsistenten Verhalten selbst in den schwierigsten Situationen gezeigt werden wird.

Suchsysteme trainieren

Dieses Arbeitsbuch konzentriert sich auf eine Aufgabe: die Geruchsprägung. In Wirklichkeit trainiere ich während der 15-tägigen Prägephase die Suchsysteme (Richtungskommandos etc.) mit, jedoch in separaten Trainingssitzungen. Ich benutze nicht den Zielgeruch, um die Suchsysteme zu trainieren. Suchsysteme werden als Gehorsamsübungen gelehrt. Im Feld oder bei jeder Art der Spürhundearbeit dauert die Suchphase viel länger als die eigentliche Spürphase. Ein Spürhund verbringt etwa 90 % der Zeit seines Arbeitslebens mit der Suche und weniger als 10 % mit dem Aufspüren. Dennoch verbringen die Menschen sehr viel Zeit mit der Geruchsphase und investieren nicht in das Suchen. Ihr Trainingsprogramm sollte zu 90 % die Suche und zu 10 % den Zielgeruch trainieren. Dies bedeutet, dass die Suchsysteme getrennt vom Geruch und als eigenständige Verhaltensweisen trainiert werden. Auf diese Weise trainieren Sie einen Hund, der effektiv, effizient und dauerhaft suchen kann und der lernt, auf seinen Zielgeruch zu reagieren, wenn er darauf trifft. Aus diesem Grund trainiere ich die Verhaltensweisen separat voneinander und größtenteils sowohl beim Lernen als auch beim Auffrischen ohne, dass ein Geruch ausgelegt wurde. Das Trainieren von Suchsystemen ist ein ganzes Buch für sich und wird deshalb hier nicht eigens behandelt.

Das Prinzip des dreibeinigen Hockers

In der Zeit, als ich Minenspürhunde trainierte, entwickelte ich etwas, das ich das Prinzip des dreibeinigen Hockers nenne und das ich seitdem einsetze. Meiner Meinung nach verschafft es dem Hund ein klares Verständnis des Geruchsbildes und eine ausgewogene und stabile Basis, auf der Geruchsarbeit basiert.

Die drei Elemente des Prinzips lauten:

- Diskriminierung (Unterscheidung)
- Erkennen geringster Geruchsspuren
- Generalisierung

Diskriminierung

Diskriminierung als Bestandteil vom Prinzip des dreibeinigen Hockers ist eine Geruchsprägetechnik, die ich verwende, um dem Hund komplexere Gerüche zu präsentieren, sobald er den Zielgeruch verstanden hat. Die Diskriminierungsmethode verfeinert die Nase des Hundes und lässt ihn verstehen, wie er den Zielgeruch identifizieren kann, obwohl „Hintergrundablenkungen" anderer Gerüche in der Nähe sind. Im echten Leben kann der Hund Zielgerüchen begegnen, die absichtlich mit Umweltgerüchen vermischt wurden – von Menschen, die etwas zu verbergen versuchen, oder natürlich so etwas wie der Geruch von Reptilien, die in einem Waldgebiet leben. Der Grundgeruch (Zielgeruch) ist immer noch der gleiche.

Mit der Diskriminierung lernt der Hund, in einer Vielzahl von Geruchsstoffen nach diesem einen Zielgeruch zu suchen. Deshalb mische ich den Zielgeruch mit anderen Gerüchen, oft mit den bereits verwendeten Verleitungsgerüchen. So unterscheidet der Hund zwischen separaten Ziel- und Verleitungsgerüchen auch dann, wenn diese miteinander vermischt worden sind. Auf diese Weise entscheidet der Hund nicht nur zwischen „Ja" (Zielgeruch) und „Nein" (kein Zielgeruch), wie es beim Line-up der Fall ist, wo Zielgeruch und Verleitungen separat voneinander in Behältern ausgelegt sind. Der Hund muss also zusätzlich auch verstehen, dass es nicht immer nur einen Schwarz-Weiß-Unterschied gibt. Der Geruch muss eventuell als grau betrachtet werden, aber die Anzeige sollte die gleiche sein. Der Zielgeruch bleibt der Zielgeruch, egal wie er präsentiert oder angetroffen wird.

Erkennen geringster Geruchsspuren

Ich kalibriere die Nase des Hundes sowohl auf geringste Geruchsspuren als auch auf größere Mengen Geruch, denen er im Feld begegnen kann. Dadurch steigt die Aufspürfähigkeit von sehr geringen bis hin zu im Feld repräsentativen Mengen. Einer der Gründe dafür ist, dass der Hund möglicherweise nur einer geringen Menge im Einsatz begegnet, er aber verstehen muss, dass auch diese ihm die Gelegenheit bietet, eine Quelle zu lokalisieren. Darüber hinaus lernt er, im Detail zu suchen anstatt immer einen „einfach" wahrnehmbaren Geruch zu lokalisieren, wodurch er womöglich faul wird. Ich bin der Meinung, dass dies oft mit Kohlenwasserstoff-Spürhunden geschieht, weil der Geruch so volatil und für den Hund leicht zu finden ist. Ich muss also auch sehr geringe Geruchsmengen auslegen, oder der Hund lernt nie, sich anzustrengen, um die Quelle zu finden.

Generalisierung

Generalisierung beschreibt, dass der Hund verschiedene Variationen derselben Art von Geruchsprobe versteht. Wie zuvor bereits erwähnt, möchte ich den Hund mindestens drei Variationen des gleichen Geruchs aussetzen. Diese Generalisierung stellt sicher, dass der Hund versteht, dass alle Variationen des Zielgeruchs eine Möglichkeit für eine Belohnung darstellen.

Beim Minensuchhundeprojekt haben wir nur das jugoslawische TNT konditioniert und die Hunde waren Experten darin, dieses aufzuspüren. Ein Problem kam auf, als wir mit amerikanischem TNT arbeiteten: Die Hunde zeigten während der Trainingsphase keine Verhaltensänderung. Nach einer schnellen Geruchsprägungs-Einheit (mittels der gleichen Technik, wie in diesem Arbeitsbuch beschrieben) konnten die Hunde ihr Verhalten auf den neuen Geruch übertragen. Die Frage verwirrte mich aber und ich beriet mich mit einem Wissenschaftler, der sich auf die Spürhundearbeit spezialisiert hatte. Er erklärte das Phänomen der „Expertennase": Die Expertennase ist so präzise kalibriert, dass sie zwischen dem trainierten Zielgeruch und allen anderen Variationen des gleichen Geruchs unterscheiden kann. Das Konzept der Generalisierung wird in der Forschungsarbeit mit dem Titel „Olfaktorische Generalisierung bei Spürhunden" [Olfactory Generalization in Detector Dogs] umrissen. Die Aussage der Autoren: „Die Verwendung mehrerer Zielgerüche scheint der effektivste Weg zu sein, die elementare Verarbeitung zu fördern und den Generalisierungsgradienten zu erweitern. Während die Anzahl der Trainingsinstanzen mit weniger Exemplaren den Gradienten verengen kann, kann hierdurch eine Erhöhung der Diskriminierung erfolgen" (Moser, Bizo, & Brown, 2019).

In einigen Fällen kann die Fähigkeit, nur spezifische Zielgerüche aufzuspüren, auch vorteilhaft sein, zum Beispiel bei einer Feldsuche nach einer Drei-Zehen-Dosenschildkröte, bei der wir wollen, dass alle anderen Variationen der Dosenschildkröte ignoriert werden. Wir können dem Hund beibringen, ausschließlich die Drei-Zehen-Art aufzuspüren und alle anderen Spezies zu ignorieren. Hingegen wollen wir vielleicht bei anderen Suchen, dass der Hund die Anwesenheit aller Dosenschildkröten erkennt. Also müssen wir in diesem Falle Generalisierung in Bezug auf alle Variationen innerhalb einer Art trainieren.

Die richtige Vorbereitung

Inzwischen sollten Sie verstanden haben, dass der Geruchsprägungsprozess nicht sehr kompliziert ist, wenn Sie ihn gründlich vorbereit haben. Die Bedeutung Ihrer Geruchsquelle, wie Sie mit dieser umgehen und sie lagern und wie Sie die Trainingssitzungen aufbauen, all das trägt zum Erfolg bei. Vorbereitung und klare Kommunikation sind der Schlüssel und nehmen in den meisten Fällen mehr Zeit in Anspruch als die eigentliche Geruchsprägung. Dies ist kein Fehler im System, sondern eine Stärke, weil eine solide Vorbereitung entscheidend für den Erfolg ist. Es gibt eine (vermutlich aus dem Militär stammende) Redensart): „Vorherige Planung und Vorbereitung verhindern schlechte Leistung." So manche Abwandlung dieser klugen Redensart enthält kleine Kraftausdrücke, aber die Botschaft bleibt die gleiche. Wenn Sie es in diesem Arbeitsbuch bis hierher geschafft haben, dann sind Sie auf dem richtigen Weg. Also lassen Sie uns trainieren!

Trainingsplan Lektion 11

<table>
<tr><th colspan="4">Übersicht der Stunde</th></tr>
<tr><td rowspan="2">Trainingssitzung</td><td rowspan="2">Geruchsprägungstraining 1 –
Einführung der Geruchsbehälter</td><td>Tag</td><td>10</td></tr>
<tr><td>Lektion</td><td>11</td></tr>
<tr><td>Ausrüstung</td><td colspan="3">▪ Clicker (oder ausgewählter Marker)
▪ Leckerli
▪ Futterbeutel oder ein Behälter
▪ Kongstück von etwa 5x5cm
▪ Drei Geruchsbehälter mit gelochten Deckeln</td></tr>
<tr><td>Ort</td><td colspan="3">Innenraum mit minimaler Ablenkung</td></tr>
<tr><td>Trainingsdauer</td><td colspan="3">6x5 Minuten</td></tr>
<tr><td>Ziel</td><td colspan="3">▪ Dem Hund das Konzept Sitzen und Starren auf ein Kongstück im Geruchsbehälter beibringen
▪ Einführung eines Suchsignals</td></tr>
<tr><td>Zwischenziele</td><td colspan="3">Dem Hund das Konzept Sitzen und Starren auf den Zielgeruch im Geruchsbehälter beibringen</td></tr>
<tr><td>Voraussetzung für die Lektion</td><td>Anzeigetraining 6 –
Sitzen und Starren auf Kong</td><td>Voraus-setzung: Lektion Nr.</td><td>10</td></tr>
<tr><td>Vorbereitung</td><td colspan="3">▪ Bereiten Sie Leckerlis für das Training vor.
▪ Der Hund sollte unangeleint sein.
▪ Die Leckerlis sollten greifbar für Sie sein – entweder in einem Futterbeutel oder in einem Behältnis nahe Ihrer Hand.
▪ Achten Sie darauf, dass der Clicker (Marker) funktionstüchtig ist.
▪ Stellen Sie sicher, dass der Kong gereinigt ist.
▪ Stellen Sie sicher, dass der Geruchsbehälter aus einem Material ohne starken Eigengeruch ist, etwa Edelstahl oder Glas, gereinigt ist und sicher bei der Nutzung.
▪ Stellen Sie eine Schale mit Wasser in den Trainingsbereich.</td></tr>
<tr><td colspan="2">Anmerkungen</td><td colspan="2">Ein schneller Blick</td></tr>
</table>

Trainingsschritte	
Schritt	**Handlung**
1	Legen Sie das Kongstück in den Geruchsbehälter und stellen Sie diesen auf den Boden – am besten im gleichen Raum, in dem Sie auch das Anzeigeverhalten trainiert haben. Stellen Sie sich etwa einen Meter davon entfernt mit Ihrem Hund hin.
2	(9.1) Geben Sie Ihrem Hund ein Signal (siehe Notiz), damit er den offenen Behälter absucht. Schnüffelt er an der Öffnung, clicken und belohnen Sie ihn. Wenn er sich nähert und hinsetzt, warten Sie, bis er die Öffnung des Geruchbehälters abschnüffelt, dann clicken und belohnen Sie ihn. Achten Sie darauf, dass Ihr Hund am Kong schnüffelt, wenn Sie clicken.
2	(9.2) Stellen Sie zwei Geruchsbehälter mit einem Abstand von etwa einem Meter in gerader Linie von sich weg auf: einen leeren und einen, der Kongstückchen enthält (s. Grafik S. 131). Geben Sie Ihrem Hund ein Signal, damit er die Behälter absucht. Erlauben Sie ihm, dass er an dem leeren Behälter schnüffelt. Falls er anzeigt, warten Sie, bis er zum nächsten Geruchsbehälter übergeht. Schnüffelt er an dem Behälter mit den Kongstücken, warten Sie auf das Anzeigeverhalten, clicken und belohnen Sie ihn. Wenn der Hund sich dem Behälter nähert und hinsetzt, ohne zu suchen, warten Sie, bis er den Kongbehälter abschnüffelt, dann clicken Sie und belohnen ihn.
2	(9.3) Stellen Sie drei Geruchsbehälter mit je einem Abstand von etwa einem Meter auf: zwei leere und einen, der ein Kongstückchen enthält. Geben Sie Ihrem Hund ein Signal, damit er die Behälter absucht. Erlauben Sie dem Hund, dass er die leeren Behälter abschnüffelt. Falls er dort anzeigt, warten Sie, bis er zum nächsten Geruchsbehälter übergeht. Schnüffelt er an dem Behälter mit Kong, warten Sie auf das Anzeigeverhalten, clicken und belohnen Sie ihn. Wenn der Hund sich dem Behälter nähert und hinsetzt, ohne zu suchen, warten Sie bis er den Kongbehälter abschnüffelt, dann clicken Sie und belohnen ihn.
2	(9.4) Stellen Sie drei Geruchsbehälter mit je einem Abstand von etwa einem Meter auf: zwei leere und einen, der ein Kongstückchen enthält. In diesem Schritt liegen die Deckel mit Löchern auf den Behältern. Geben Sie Ihrem Hund ein Signal, damit er die Behälter absucht. Zeigt er das Anzeigeverhalten als Reaktion auf den Behälter mit dem Kong, clicken Sie und belohnen ihn. Falls dieser Schritt zu schwierig ist, machen Sie ein Reset und clicken für das Schnüffeln. Warten Sie dann auf eine Anzeige.
2	(9.5) Geben Sie Ihrem Hund das Signal, die mit Deckeln verschlossenen Geruchsbehälter abzusuchen. Wenn er schnüffelt, sich hinsetzt und die Anzeige für drei Sekunden hält, dann clicken Sie. Stellen Sie sicher, dass der Hund den Geruchsbehälter anstarrt, wenn Sie clicken.
3	Wiederholen Sie Schritt 2 so oft, wie als Anzahl von Wiederholungen im untenstehenden Fortschrittsplan angegeben. Sobald Ihr Hund erfolgreich zwei Trainingseinheiten absolviert hat (mit Pausen), gehen Sie zur nächsten Aufgabe über.

Notiz: Ein Signalwort könnte lauten „Such", „Finde" oder etwas anderes, das Sie wählen, um mit dem Hund zu kommunizieren, dass er suchen soll.

Fortschrittsplan			
Aufgabe Nr.	**Zwischen-schritt**	**Beschreibung**	**Anzahl Belohnungen / Clicks**
9		**Sitzen und Starren auf einen Geruchsbehälter mit Kong**	
	9.1	Der Hund nähert sich dem offenen Geruchsbehälter und schnüffelt die Öffnung ab.	3
	9.2	Der Hund sucht zwei offene Geruchsbehälter ab, schnüffelt die Öffnungen ab und zeigt den Kong an.	4
	9.3	Der Hund sucht drei offene Geruchsbehälter ab, schnüffelt die Öffnungen ab und zeigt den Kong an.	3
	9.4	Der Hund sucht drei mit Deckel verschlossene Geruchsbehälter ab, schnüffelt die Öffnungen ab und zeigt den Kong am richtigen Behälter an.	3
	9.5	Der Hund sucht drei mit Deckel geschlossene Geruchsbehälter ab, schnüffelt die Öffnungen ab und zeigt den richtigen Geruchsbehälter drei Sekunden lang an.	4

Fortschrittskontrolle	
Kann der Hund sitzen und für drei Sekunden starren, nachdem er den mit gelochtem Deckel verschlossenen Geruchsbehälter mit Kongstückchen abgeschnüffelt hat?	Ja / Nein
Wenn nein, wiederholen Sie den Zwischenschritt 9.2 und bewerten Sie erneut.	

Lektion 11

Beispiel eines Line-ups mit Geruchsbehältern.

Kap. 7

Trainingsplan Lektion 12

<table>
<tr><th colspan="4">Übersicht der Stunde</th></tr>
<tr><td rowspan="2">Trainingssitzung</td><td rowspan="2">Geruchsprägungstraining 2 –
Einführung des Zielgeruchs</td><td>Tag</td><td>11</td></tr>
<tr><td>Lektion</td><td>12</td></tr>
<tr><td>Ausrüstung</td><td colspan="3">▪ Clicker (oder ausgewählter Marker)
▪ Futter
▪ Futterbeutel oder ein Behälter
▪ Kongstück von etwa 5 x 5 cm
▪ Zwei Geruchsbehälter (einer für Kong, einer für den Zielgeruch)</td></tr>
<tr><td>Ort</td><td colspan="3">Innenraum mit minimaler Ablenkung</td></tr>
<tr><td>Trainingsdauer</td><td colspan="3">6 x 5 Minuten</td></tr>
<tr><td>Ziel</td><td colspan="3">Dem Hund ein Anzeigeverhalten (Sitzen und Starren) am Zielgeruch beibringen</td></tr>
<tr><td>Zwischenziele</td><td colspan="3">Dem Hund das Konzept beibringen, ausdauernd zu sitzen und auf den Zielgeruch zu starren.</td></tr>
<tr><td>Voraussetzung für die Lektion</td><td>Geruchsprägungstraining 1 –
Einführung der Geruchsbehälter</td><td>Voraus-setzung: Lektion Nr.</td><td>11</td></tr>
<tr><td>Vorbereitung</td><td colspan="3">▪ Bereiten Sie Futterstückchen für das Training vor.
▪ Der Hund sollte unangeleint sein.
▪ Die Leckerlis sollten greifbar für Sie sein – entweder in einem Futterbeutel oder in einem Behältnis nahe Ihrer Hand.
▪ Achten Sie darauf, dass der Clicker (Marker) funktionstüchtig ist.
▪ Stellen Sie sicher, dass die Geruchsbehälter gereinigt und sicher zu nutzen sind und dass sie den entsprechenden Geruch enthalten.
▪ Stellen Sie eine Schale mit Wasser in den Trainingsbereich.</td></tr>
<tr><td colspan="2">Anmerkungen</td><td colspan="2">Ein schneller Blick</td></tr>
</table>

Trainingsschritte	
Schritt	**Handlung**
1	(10.1) Legen Sie das Kongstück in einen der mit Deckel verschlossenen Geruchsbehälter. Stellen Sie den Behälter auf den Boden. Am besten trainieren Sie dort, wo Sie auch das Sitzen und Starren als Anzeige gelehrt haben. Geben Sie dem Hund das Signal zum Suchen. Nähert sich der Hund dem Behälter, schnüffelt an der Oberseite und setzt sich hin, clicken und belohnen Sie.
1	(10.2) Von diesem Moment an legen Sie **NICHT** mehr Konggeruch aus, sobald Sie Zielgeruch ausgelegt haben. Stellen Sie einen Geruchsbehälter mit dem **Zielgeruch** auf den Boden und verschließen ihn mit dem Deckel. Geben Sie dem Hund das Signal zum Suchen. Nähert er sich dem Behälter und schnüffelt an der Oberseite, clicken Sie und belohnen Sie. Nähert sich der Hund und setzt sich ab, warten Sie, bis er die Oberseite abschnüffelt, dann clicken und belohnen Sie. Achten Sie darauf, dass der Hund gerade an der Oberseite des Behälters schnüffelt, wenn Sie clicken.
1	(10.3) Stellen Sie einen Geruchsbehälter mit dem **Zielgeruch** auf den Boden und verschließen ihn mit dem gelochten Deckel. Geben Sie dem Hund das Signal zum Suchen. Nähert er sich dem Behälter, schnüffelt an der Oberseite und setzt sich drei Sekunden lang hin, clicken Sie und belohnen ihn. Achten Sie darauf, dass er auf den Geruchsbehälter starrt, wenn Sie clicken.
2	Wiederholen Sie Schritt 1 so oft, wie als Anzahl von Wiederholungen im umseitigen Fortschrittsplan angegeben. Sobald Ihr Hund erfolgreich zwei Trainingseinheiten absolviert hat (mit Pausen), gehen Sie zur nächsten Aufgabe über.

Fortschrittsplan			
Aufgabe Nr.	**Zwischen-schritt**	**Beschreibung**	**Anzahl Belohnungen / Clicks**
10		**Sitzen und Starren auf den Geruchsbehälter, der den Zielgeruch enthält**	
	10.1	Der Hund nähert sich dem Geruchsbehälter (Kong), schnüffelt und setzt sich hin.	1
	10.2	Der Hund nähert sich dem Geruchsbehälter (Zielgeruch) und schnüffelt an der Oberseite.	5
	10.3	Der Hund nähert sich dem Geruchsbehälter (Zielgeruch), schnüffelt an der Oberseite und hält für drei Sekunden ein Sitz als Anzeigeverhalten.	6

Fortschrittskontrolle	
Kann der Hund sich drei Sekunden lang hinsetzen und starren, nachdem er den Geruchsbehälter mit dem Zielgeruch abgeschnüffelt hat?	Ja / Nein
Wenn nein, wiederholen Sie den Zwischenschritt 10.2 und bewerten Sie erneut.	

Trainingsplan Lektion 13

<table>
<tr><th colspan="4">Übersicht der Stunde</th></tr>
<tr><td rowspan="2">Trainingssitzung</td><td rowspan="2">Geruchsprägungstraining 3 –
Überprüfung, Schritt 1</td><td>Tag</td><td>11</td></tr>
<tr><td>Lektion</td><td>13</td></tr>
<tr><td>Ausrüstung</td><td colspan="3">▪ Clicker (oder ausgewählter Marker)
▪ Futter
▪ Futterbeutel oder ein Behälter
▪ Drei Geruchsbehälter: einer für den Geruch und zwei leere</td></tr>
<tr><td>Ort</td><td colspan="3">Innenraum mit minimaler Ablenkung</td></tr>
<tr><td>Trainingsdauer</td><td colspan="3">4 x 5 Minuten</td></tr>
<tr><td>Ziel</td><td colspan="3">Fähigkeit des Hundes überprüfen, den Zielgeruch zu erkennen und aufzuspüren</td></tr>
<tr><td>Zwischenziele</td><td colspan="3">▪ Anzeigen des Zielgeruchs festigen
▪ Grundlegende Einführung in das Suchverhalten des Hundes</td></tr>
<tr><td>Voraussetzung für die Lektion</td><td>Geruchsprägungstraining 2 –
Einführung des Zielgeruchs</td><td>Voraus-setzung: Lektion Nr.</td><td>12</td></tr>
<tr><td>Vorbereitung</td><td colspan="3">▪ Bereiten Sie Futter für das Training vor.
▪ Der Hund sollte unangeleint sein.
▪ Die Leckerlis sollten greifbar für Sie sein – entweder in einem Futterbeutel oder in einem Behältnis nahe Ihrer Hand.
▪ Achten Sie darauf, dass der Clicker (Marker) funktionstüchtig ist.
▪ Stellen Sie sicher, dass die Geruchsbehälter gereinigt sind und den Zielgeruch enthalten.
▪ Stellen Sie eine Schale mit Wasser in den Trainingsbereich.</td></tr>
<tr><td colspan="2">Anmerkungen</td><td colspan="2">Ein schneller Blick</td></tr>
</table>

Trainingsschritte	
Schritt	**Handlung**
1	Stellen Sie den Behälter mit dem Zielgeruch auf den Boden. Am besten trainieren Sie dort, wo Sie auch das Sitzen und Starren als Anzeige gelehrt haben. Stellen Sie einen Nullbehälter im Abstand von etwa einem Meter dazu. Variieren Sie die Positionen der Geruchsbehälter mit jedem Durchgang.
2	Geben Sie dem Hund das Signal zum Suchen. Lassen Sie ihn in beliebiger Reihenfolge suchen. Zeigt er einen Nullbehälter an, ignorieren Sie dies und warten ab. Sobald er den Behälter mit dem Zielgeruch abschnüffelt, warten Sie auf das Anzeigeverhalten. Clicken Sie nach drei Sekunden. Ordnen Sie die Geruchsbehälter bei jedem Durchgang neu an.
2	Ordnen Sie die Geruchsbehälter neu an. Geben Sie dem Hund das Signal zum Suchen. Lassen Sie ihn in jeder beliebigen Reihenfolge suchen. Zeigt er einen Nullbehälter an, ignorieren Sie dies und warten ab. Sobald er den Behälter mit dem Zielgeruch abschnüffelt, warten Sie auf das Anzeigeverhalten. Clicken Sie nach fünf Sekunden.
3	Wiederholen Sie Schritt 2 so oft, wie als Anzahl von Wiederholungen im nebenstehenden Fortschrittsplan angegeben. Sobald Ihr Hund erfolgreich zwei Trainingseinheiten absolviert hat (mit Pausen), gehen Sie zur nächsten Aufgabe über.

Fortschrittsplan			
Aufgabe Nr.	**Zwischenschritt**	**Beschreibung**	**Anzahl Belohnungen / Clicks**
11		**Überprüfung – Schritt 1**	
	11.1	Der Hund sucht zwei Geruchsbehälter ab und zeigt den Zielgeruch drei Sekunden lang an.	4
	11.2	Der Hund sucht zwei Geruchsbehälter ab und zeigt den Zielgeruch fünf Sekunden lang an.	3

Fortschrittskontrolle	
Kann der Hund sich fünf Sekunden lang hinsetzen und starren, nachdem er zwei Geruchsbehälter abgeschnüffelt hat?	Ja / Nein
Wenn nein, wiederholen Sie den Zwischenschritt 11.1 und bewerten Sie erneut.	

Trainingsplan Lektion 14

<table>
<tr><th colspan="4">Übersicht der Stunde</th></tr>
<tr><td rowspan="2">Trainingssitzung</td><td rowspan="2">Geruchsprägungstraining 4 –
Überprüfung, Schritt 2</td><td>Tag</td><td>13</td></tr>
<tr><td>Lektion</td><td>14</td></tr>
<tr><td>Ausrüstung</td><td colspan="3">▪ Clicker (oder ausgewählter Marker)
▪ Futter
▪ Futterbeutel oder ein Behälter
▪ Drei Geruchsbehälter: einer für den Geruch und zwei leere</td></tr>
<tr><td>Ort</td><td colspan="3">Innenraum mit minimaler Ablenkung</td></tr>
<tr><td>Trainingsdauer</td><td colspan="3">4 x 5 Minuten</td></tr>
<tr><td>Ziel</td><td colspan="3">Fähigkeit des Hundes überprüfen, den Zielgeruch zu erkennen und aufzuspüren</td></tr>
<tr><td>Zwischenziele</td><td colspan="3">▪ Fähigkeit zur Anzeige des Zielgeruchs festigen
▪ Grundlegende Einführung in das Suchverhalten des Hundes</td></tr>
<tr><td>Voraussetzung für die Lektion</td><td>Geruchsprägungstraining 3 –
Überprüfung, Schritt 1</td><td>Voraus-setzung: Lektion Nr.</td><td>13</td></tr>
<tr><td>Vorbereitung</td><td colspan="3">▪ Bereiten Sie Leckerlis für das Training vor.
▪ Der Hund sollte unangeleint sein.
▪ Die Leckerlis sollten greifbar für Sie sein – entweder in einem Futterbeutel oder in einem Behältnis nahe Ihrer Hand.
▪ Achten Sie darauf, dass der Clicker (Marker) funktionstüchtig ist.
▪ Stellen Sie sicher, dass die Geruchsbehälter gereinigt sind und den Zielgeruch enthalten.
▪ Stellen Sie eine Schale mit Wasser in den Trainingsbereich.</td></tr>
<tr><td colspan="2">Anmerkungen</td><td colspan="2">Ein schneller Blick</td></tr>
</table>

Trainingsschritte	
Schritt	**Handlung**
1	Stellen Sie den Behälter mit dem Zielgeruch auf den Boden. Am besten trainieren Sie dort, wo Sie auch das Sitzen und Starren als Anzeige gelehrt haben. Stellen Sie zwei leere Behälter im Abstand von je einem Meter dazu in einer Linie auf.
2	Geben Sie dem Hund das Signal zum Suchen. Zeigt der Hund einen Nullbehälter an, ignorieren Sie dies und warten ab. Sobald er den Behälter mit dem Zielgeruch abschnüffelt, warten Sie auf das Anzeigeverhalten. Clicken Sie nach fünf Sekunden. Ordnen Sie die Geruchsbehälter neu an.
2	Geben Sie dem Hund das Signal zum Suchen. Zeigt der Hund einen Nullbehälter an, ignorieren Sie dies und warten ab. Sobald er den Behälter mit dem Zielgeruch abschnüffelt, warten Sie auf das Anzeigeverhalten. Clicken Sie nach sieben Sekunden. Ordnen Sie die Geruchsbehälter neu an.
3	Wiederholen Sie Schritt 2 so oft, wie als Anzahl von Wiederholungen im untenstehenden Fortschrittsplan angegeben. Sobald Ihr Hund erfolgreich zwei Trainingseinheiten absolviert hat (mit Pausen), gehen Sie zur nächsten Aufgabe über.

Fortschrittsplan			
Aufgabe Nr.	**Zwischenschritt**	**Beschreibung**	**Anzahl Belohnungen / Clicks**
12		**Überprüfung – Schritt 2**	
	12.1	Der Hund sucht drei Geruchsbehälter ab und zeigt den Zielgeruch fünf Sekunden lang an.	3
	12.2	Der Hund sucht drei Geruchsbehälter ab und zeigt den Zielgeruch sieben Sekunden lang an.	2

Fortschrittskontrolle	
Kann der Hund sich sieben Sekunden lang hinsetzen und starren, nachdem er drei Geruchsbehälter abgeschnüffelt hat?	Ja / Nein
Wenn nein, wiederholen Sie den Zwischenschritt 12.1 und bewerten Sie erneut.	

Trainingsplan Lektion 15

<table>
<tr><th colspan="4">Übersicht der Stunde</th></tr>
<tr><td rowspan="2">Trainingssitzung</td><td rowspan="2">Geruchsprägungstraining 5 –
Überprüfung, Schritt 3</td><td>Tag</td><td>14</td></tr>
<tr><td>Lektion</td><td>15</td></tr>
<tr><td>Ausrüstung</td><td colspan="3">▪ Clicker (oder ausgewählter Marker)
▪ Futter
▪ Futterbeutel oder ein Behälter
▪ Drei Geruchsbehälter: einer für den Geruch und zwei leere
▪ Schwache Verleitungsgerüche (siehe Beschreibung S. 120 / 121)</td></tr>
<tr><td>Ort</td><td colspan="3">Innenraum mit minimaler Ablenkung</td></tr>
<tr><td>Trainingsdauer</td><td colspan="3">4 x 5 Minuten</td></tr>
<tr><td>Ziel</td><td colspan="3">Fähigkeit des Hundes überprüfen, den Zielgeruch zu erkennen und aufzuspüren, auch wenn Verleitungssgerüche vorhanden sind</td></tr>
<tr><td>Zwischenziele</td><td colspan="3">▪ Fähigkeit des Hundes überprüfen, den Zielgeruch aufzuspüren
▪ Verleitungsgerüche einführen
▪ Grundlegende Einführung in das Suchverhalten des Hundes</td></tr>
<tr><td>Voraussetzung für die Lektion</td><td>Geruchsprägungstraining 4 –
Überprüfung, Schritt 2</td><td>Voraus-setzung: Lektion Nr.</td><td>14</td></tr>
<tr><td>Vorbereitung</td><td colspan="3">▪ Bereiten Sie Futterstückchen für das Training vor.
▪ Der Hund sollte unangeleint sein.
▪ Die Leckerlis sollten greifbar für Sie sein – entweder in einem Futterbeutel oder in einem Behältnis nahe Ihrer Hand.
▪ Achten Sie darauf, dass der Clicker (Marker) funktionstüchtig ist.
▪ Stellen Sie sicher, dass zwei Verleitungs-Geruchsbehälter gereinigt sind und Verleitungsgerüche enthalten.
▪ Stellen Sie sicher, dass der Zielgeruchsbehälter zuvor gereinigt wurde und Zielgeruch enthält.
▪ Stellen Sie eine Schale mit Wasser in den Trainingsbereich.</td></tr>
<tr><td colspan="2">Anmerkungen</td><td colspan="2">Ein schneller Blick</td></tr>
</table>

Trainingsschritte	
Schritt	**Handlung**
1	Stellen Sie den Behälter mit dem Zielgeruch auf den Boden. Stellen Sie zwei Behälter mit Verleitungsgerüchen im Abstand von je einem Meter dazu in einer Linie auf.
2	Geben Sie dem Hund das Signal zum Suchen. Zeigt er einen Behälter mit Verleitungsgeruch an, ignorieren Sie dies und warten ab. Sobald er den Behälter mit dem Zielgeruch abschnüffelt, warten Sie auf das Anzeigeverhalten. Clicken Sie nach drei Sekunden. Ordnen Sie die Geruchsbehälter neu an.
2	Geben Sie dem Hund das Signal zum Suchen. Zeigt er einen Behälter mit Verleitungsgeruch an, ignorieren Sie dies und warten ab. Sobald er den Behälter mit dem Zielgeruch abschnüffelt, warten Sie auf das Anzeigeverhalten. Clicken Sie nach sieben Sekunden. Ordnen Sie die Geruchsbehälter neu an.
3	Wiederholen Sie Schritt 2 so oft, wie als Anzahl von Wiederholungen im untenstehenden Fortschrittsplan angegeben. Sobald Ihr Hund erfolgreich zwei Trainingseinheiten absolviert hat (mit Pausen), gehen Sie zur nächsten Aufgabe über.

Fortschrittsplan			
Aufgabe Nr.	**Zwischen-schritt**	**Beschreibung**	**Anzahl Belohnungen / Clicks**
13		**Überprüfung – Schritt 3**	
	13.1	Der Hund sucht drei Geruchsbehälter ab und zeigt den Zielgeruch drei Sekunden lang an.	2
	13.2	Der Hund sucht drei Geruchsbehälter ab und zeigt den Zielgeruch sieben Sekunden lang an.	1

Fortschrittskontrolle	
Kann der Hund sich sieben Sekunden lang hinsetzen und starren, nachdem er drei Geruchsbehälter abgeschnüffelt hat und schwache Verleitungsgerüche ignoriert hat?	Ja / Nein
Wenn nein, wiederholen Sie den Zwischenschritt 13.1 und bewerten Sie erneut.	

Trainingsplan Lektion 16

<table>
<tr><th colspan="4">Übersicht der Stunde</th></tr>
<tr><td rowspan="2">Trainingssitzung</td><td rowspan="2">Geruchsprägungstraining 6 –
Überprüfung, Schritt 4</td><td>Tag</td><td>15</td></tr>
<tr><td>Lektion</td><td>16</td></tr>
<tr><td>Ausrüstung</td><td colspan="3">▪ Clicker (oder ausgewählter Marker)
▪ Futter
▪ Futterbeutel oder ein Behälter
▪ Drei Geruchsbehälter: einer für den Geruch und zwei leere
▪ Starke Verleitungsgerüche (siehe Beschreibung S. 120 / 121)</td></tr>
<tr><td>Ort</td><td colspan="3">Innenraum mit minimaler Ablenkung</td></tr>
<tr><td>Trainingsdauer</td><td colspan="3">4 x 5 Minuten</td></tr>
<tr><td>Ziel</td><td colspan="3">Fähigkeit des Hundes überprüfen, den Zielgeruch zu erkennen und aufzuspüren, auch wenn Verleitungsgerüche vorhanden sind</td></tr>
<tr><td>Zwischenziele</td><td colspan="3">▪ Fähigkeit des Hundes überprüfen, den Zielgeruch zu finden
▪ Den Hund im Hinblick auf Verleitungsgerüche testen</td></tr>
<tr><td>Voraussetzung für die Lektion</td><td>Geruchsprägungstraining 5 –
Überprüfung, Schritt 3</td><td>Voraus-setzung: Lektion Nr.</td><td>15</td></tr>
<tr><td>Vorbereitung</td><td colspan="3">▪ Bereiten Sie Futter für das Training vor.
▪ Der Hund sollte unangeleint sein.
▪ Die Leckerlis sollten greifbar für Sie sein – entweder in einem Futterbeutel oder in einem Behältnis nahe Ihrer Hand.
▪ Achten Sie darauf, dass der Clicker (Marker) funktionstüchtig ist.
▪ Stellen Sie sicher, dass zwei Verleitungs-Geruchsbehälter zuvor gereinigt wurden und Verleitungsgerüche enthalten.
▪ Stellen Sie sicher, dass der Zielgeruchsbehälter zuvor gereinigt wurde und den Zielgeruch enthält
▪ Stellen Sie eine Schale mit Wasser in den Trainingsbereich.</td></tr>
<tr><td colspan="2">Anmerkungen</td><td colspan="2">Ein schneller Blick</td></tr>
</table>

Trainingsschritte	
Schritt	**Handlung**
1	Stellen Sie den Behälter mit dem Zielgeruch auf den Boden. Stellen Sie zwei Behälter mit Verleitungsgerüchen im Abstand von je einem Meter dazu in einer Linie auf.
2	Geben Sie dem Hund das Signal zum Suchen. Zeigt er einen Behälter mit Verleitungsgeruch an, ignorieren Sie dies und warten ab. Sobald er den Behälter mit dem Zielgeruch abschnüffelt, warten Sie auf das Anzeigeverhalten. Clicken Sie nach fünf Sekunden. Ordnen Sie die Geruchsbehälter neu an.
2	Geben Sie dem Hund das Signal zum Suchen. Zeigt er einen Behälter mit Verleitungsgeruch an, ignorieren Sie dies und warten ab. Sobald er den Behälter mit dem Zielgeruch abschnüffelt, warten Sie auf das Anzeigeverhalten. Clicken Sie nach sieben Sekunden. Ordnen Sie die Geruchsbehälter neu an.
3	Wiederholen Sie Schritt 2 so oft, wie als Anzahl von Wiederholungen im untenstehenden Fortschrittsplan angegeben. Sobald Ihr Hund erfolgreich zwei Trainingseinheiten absolviert hat (mit Pausen), gehen Sie zur nächsten Aufgabe über.

Fortschrittsplan			
Aufgabe Nr.	**Zwischenschritt**	**Beschreibung**	**Anzahl Belohnungen / Clicks**
14		**Überprüfung – Schritt 4**	
	14.1	Der Hund sucht drei Geruchsbehälter ab und zeigt den Zielgeruch fünf Sekunden lang an.	2
	14.2	Der Hund sucht drei Geruchsbehälter ab und zeigt den Zielgeruch sieben Sekunden lang an.	1

Fortschrittskontrolle	
Kann der Hund sich sieben Sekunden lang hinsetzen und starren, nachdem er drei Geruchsbehälter abgeschnüffelt und starke Verleitungsgerüche ignoriert hat?	Ja / Nein
Wenn nein, wiederholen Sie den Zwischenschritt 13.1 und bewerten Sie erneut.	

Herzlichen Glückwunsch! Ihr Hund ist auf einen Zielgeruch geprägt, wird Verleitungsgerüche bei einfachen Suchen ignorieren und einen Fund anzeigen!

Das ist jedoch nur der Anfang und der Trainingsprozess endet hier nicht. Jetzt müssen Sie all das Gelernte vertiefen und sich Ihren Hund in einer Vielzahl von Situationen beweisen lassen. Aber an diesem Punkt sind Sie und Ihr Hund bereit dazu.

Wenn Sie Ihren Hund zeitgleich auch in Suchsystemen trainiert haben, sind Sie bereit, beide Methoden miteinander zu kombinieren und die Spürfähigkeiten Ihres Hundes weiterzuentwickeln.

Arbeiten Sie an Aufgabe Nummer 14 weiter, aber variieren Sie die folgenden Aspekte: Verleitungsgerüche, Orte des Trainings, Höhen der Geruchsbehälter, die Art der Geruchsbehälter und fügen Sie auch Ablenkungen wie z. B. Umgebungsgeräusche hinzu. Ändern Sie außerdem die Menge des versteckten Zielgeruchs und dessen Alter (falls relevant). Testen Sie das Verhalten auf so viele verschiedene Arten, wie Sie können, aber Achtung: verändern Sie immer bloß einen Aspekt auf einmal. Überfordern Sie den Hund nicht, indem Sie zu viele Änderungen im Trainingsszenario vornehmen.

Notizen

KAPITEL 8

Trainingsnotizen

Nach meiner Feststellung sind Hundetrainer im Allgemeinen nicht gut im Führen von Aufzeichnungen. Vermutlich führen die praktischen Aspekte im Hundetraining zu einer Art kollektiven Abneigung, den Papierkram zu erledigen. Ich gebe zu, dass ich auch zu dieser Sorte Mensch zähle und im Auge behalten muss, dass mir das Aufzeichnen nicht untergeht. Es ist wichtig, Ihre Trainingsziele aufzuschreiben und sicherzustellen, dass Sie diese im Laufe des Trainings erreichen. Versuchen Sie nicht, sich an einem Freitag an das zu erinnern, was Sie am Montag zuvor getan haben. Heutzutage ist es mit Hilfe der Technologie viel einfacher, Ihre Aufzeichnungen aktuell zu halten. Es gibt einfach zu bedienende Smartphone-Apps, die viele wichtige Daten erfassen, ohne dass Sie zu viele Eingaben zum Zeitpunkt des Trainings machen müssen. Weil ich hauptsächlich forschungsbasiert trainiere, nutze ich ein kommerzielles Softwaresystem. Mit diesem kann ich spezifische Aufzeichnungen im Hinblick auf die Aufgabe und die Arbeit im Feld entwickeln. Dieses individuell codierte Softwareprogramm sammelt automatisch Daten zu Wetter / Klima (auch im Schulungslabor), Ort, Zeit und Datum. Diese Daten werden dann in die Aufzeichnungen übertragen. Auch kann die Software Strichcodes des Zielgeruchs und der Verleitungsgerüche lesen. So werden die Inhalte aller Behälter automatisch zu den Aufzeichnungen hinzugefügt. Dies ist jedoch mit Kosten verbunden und liegt womöglich außerhalb der Mittel eines durchschnittlichen Spürhundeführers.

Durch das Datensammeln können Sie Fortschritte und Tendenzen überwachen, insbesondere, wenn die Dinge nicht so laufen, wie Sie es erwartet haben. Sie sehen die unternommenen Schritte, wo es Probleme gab und was angepasst werden muss. Darüber hinaus hilft die App bei der Entwicklung neuer Trainingspläne, weil Sie die Zeit bestimmen können, die zum Trainieren bestimmter Aufgaben benötigt wird und wie Sie die Pläne anhand der gewonnenen Erkenntnisse anpassen können. In manchen Fällen sind Aufzeichnungen auch erforderlich, wenn Teams z. B. von bestimmten Organisationen zertifiziert werden sollen. Egal, ob Sie Ihre Aufzeichnungen auf Papier oder digital führen: Es ist von großem Vorteil, ein System für die Aufzeichnung Ihrer Trainingsdaten zu haben.

Das Aufzeichnen muss keine komplizierte Angelegenheit sein. Auch eine simple Checkliste der Fortschritte ist besser als keine Aufzeichnung. Sie bleiben dadurch am Training dran und können Verwirrung in Bezug darauf vermeiden, bei welchem Schritt Sie sich im Trainingsplan gerade befinden. Die Verwendung einer App eignet sich hervorragend, da sie viele Informationen automatisch aufzeichnen kann und Sie nur einen Knopf drücken müssen, um zu bestätigen, ob die Trainingsstandards erreicht wurden oder nicht. Dies gilt insbesondere während der Geruchsprägungsphase, da der Prozess in einer bestimmten Abfolge stattfindet und dabei nicht kompliziert ist.

Die Art und Weise, wie ich das System zur Geruchsprägung in diesem Arbeitsbuch entwickelt habe, basiert auf meinen eigenen Aufzeichnungen. Im Laufe der Zeit konnte ich die Daten analysieren und sehen, was nötig war, um jede Phase für einen große Anzahl der Hunde abzuschließen. Die gesammelten Daten lieferten dann eine genaue Zeitachse, die ich verwenden konnte, um die Trainingsdauer über das gesamte Spektrum der Aufgaben hinweg, für die der Hund trainiert werden musste, zu schätzen. Wenn also jemand fragt, „Wie lange dauert es, bis der Hund eine Aufgabe beherrscht?", dann kann ich die Antwort genau abschätzen. Wenn ich einen Trainingsplan für die Spürhundeausbildung erstelle, dann dauert die Geruchsprägung immer 15 Tage.

Fazit

Denken Sie daran, Ihr Weg in die Spürhundearbeit sollte Spaß machen und Ihnen ein gutes Gefühl bringen. Jede Stufe sollte auf der vorangegangenen aufbauen. Es ist wichtig, dass der Hund das Tempo vorgibt, in dem er lernt. Es wird Schritte oder sogar ganze Abschnitte in diesem Prozess geben, die Sie vielleicht für sich optimieren möchten. Das ist gut so! Finden Sie heraus, was für Sie, Ihren Trainingsstil, Ihre Methodik, Ihre vorangegangenen Erfahrungen und, am allerwichtigsten, für Ihren Hund gut funktioniert.

Eine der kritischsten Phasen ist die Belohnungsauswahl. Ich hoffe, Sie und Ihr Hund haben die Übungen genießen können, und womöglich haben Sie dabei sogar einiges über Ihren Hund gelernt. Es macht Spaß, ist lohnend, informativ und zahlt sich langfristig aus. Es lohnt sich, es immer wieder einmal zu wiederholen; ich empfehle monatlich als Bestandteil Ihres Auffrischungstrainings. Das ist auch meine Empfehlung für bereits ausgebildete Hunde. Sie können die Belohnungshierarchie im Training verwenden, um Folgendes zu unterstützen:

- Erfüllung der Standards
- Aufrechterhaltung der Standards
- Weiterentwicklung der Standards

Denn von nun an haben Sie ein sehr mächtiges Werkzeug, das Sie bei all dem unterstützt: eine Belohnungshierarchie!

Ist der Hund erst einmal auf den Clicker (oder einen anderen Marker) konditioniert, ist dieser ein vielseitiges und wertvolles Werkzeug für Ihre Werkzeugkiste. Auch für das Auffrischungstraining kann der Clicker aus den gleichen drei zuvor beschriebenen Gründen verwendet werden. Die Geruchsprägung ist nur ein Element im Repertoire eines Spürhundes. Der Clicker kann viele weitere Trainingstechniken unterstützen. Ich nutze ihn nur für das Erlernen eines neuen Verhaltens. Sobald das Verhalten gelernt wurde und zuverlässig auf Signal (Wortsignal, Handsignal, Pfeife oder ein unabhängiger Reiz, wie beispielsweise ein Zielgeruch) gezeigt wird, dann wird der Clicker nicht mehr benötigt. Der Clicker ist eine großartige Möglichkeit zu kommunizieren. Und ist das nicht eine der wesentlichen Fähigkeiten im Training von Hunden? Die Fähigkeit zu kommunizieren!

Ich hoffe, Sie verstehen nun, wie essenziell die Auswahl, Verwendung und Lagerung der Zielgerüche ist. Wir sprechen über Kommunikation mit dem Hund und wie wichtig diese ist. Wenn der Hund den Zielgeruch nicht versteht, weil ihm eine verwirrende Reihe irrelevanter Gerüche beigebracht wurde, wird er im Feld nicht effektiv und effizient sein. Indem wir sicherstellen, dass wir bei der Auswahl des Geruchs sorgfältig vorgegangen sind und vorsichtig bei der Lagerung und Handhabung waren, erreichen wir das Ziel der klaren Kommunikation dessen, was der Hund finden soll. Proben von schlechter Qualität können zu Problemen führen. Aber auch die unsachgemäße Handhabung und Lagerung sehr guter Proben führt zu Verunreinigungen und Verwirrung. Von der Wissenschaft wissen wir, dass eine grundlegende Kontamination der Trainingsutensilien im Trainingsbereich, dem Hund mitteilt, Spuren des Zielgeruchs zu ignorieren (DeChant, Bunker, & Hall, 2021).

Der Ablauf der Geruchsprägung ist nicht kompliziert, wie Sie hoffentlich jetzt feststellen konnten. Es ist ein progressiver Plan mit Schritten, die nacheinander von einem zum nächsten übergehen. Wir legen kleine Kriterien fest, die der Hund erfüllen muss, um weiterzumachen. Schafft er es nicht, gehen wir im Trainingsschritt zurück und stellen sicher, dass der Hund diesen versteht. Bei jeder Trainingseinheit müssen Sie sicherstellen, dass Sie das Ziel kennen und an diesem festhalten. Mit einem definierten Trainingsziel und mit der Arbeit an einem Plan werden Sie feststellen, dass das Training schneller Fortschritte macht und eine bessere Qualität des Lernens bietet. Versteht der Hund das Trainingsziel nicht, dann stoppen Sie, gehen einen Schritt zurück und versuchen es erneut – entweder sofort oder nach einer Pause. Die Welt des Hundes wird von Gerüchen bestimmt – mehr als durch das Sehen. Daher nehmen wir einfach das, was für den Hund natürlich ist, und fügen einige Kriterien zum Prozess hinzu. Indem der Hund einen Zielgeruch anzeigt (Sitz, Steh, Starren, Bellen, oder was auch immer Sie gewählt haben) und dafür von Ihnen eine Belohnung erhält, betreten wir für einen kurzen Zeitraum die Welt der Hunde. Das ermöglicht es uns, gemeinsam ein Ziel zu erreichen. Im Laufe der Jahrzehnte habe ich Hunderte von Hunden auf Gerüche geprägt und dazu viele verschiedene Systeme verwendet. Am Ende habe ich für mich diesen Prozess der Geruchsprägung gefunden, der auf klarer Kommunikation basiert. Er prägt die Hunde daher auf dem zuverlässigsten, konsistentesten und schnellsten Weg.

Aufzeichnungen über das Training sind dabei unerlässlich. Ich führe sehr detaillierte Aufzeichnungen, die klimatische Bedingungen wie Temperatur, Luftfeuchtigkeit, Druck oder Windgeschwindigkeit und -richtung beinhalten sowie das Übliche wie Zeit, Datum, Ort und weitere Details, wie Sie im Trainingsplan sehen. Ich nutze Software, die die Aufzeichnungen übernimmt, da sie viel weniger Zeit in Anspruch nimmt und die meisten Details automatisch ausfüllt. Diese Ebene der Datensammlung ist nicht immer erforderlich, aber die wesentlichen Aspekte in den Fortschrittsplänen in diesem Arbeitsbuch sollen Sie ermutigen, diese auch für Ihre eigenen Aufzeichnungen zu übernehmen. Aber hören Sie damit nicht am Ende der Geruchsprägung auf. Das Pflegen Ihrer Aufzeichnungen bei der Erfassung all Ihrer Trainingsdaten wird auf lange Sicht hilfreich sein, vor allem, wenn Sie nach Tendenzen spezifischer Trainingsthemen oder beim Einsatz im Feld suchen. Verlassen Sie sich nicht auf Ihr Gedächtnis; es verlässt sie oft schneller, als es sich erinnert.

Ich habe vor, noch ein weiteres Arbeitsbuch zu veröffentlichen, um die Aspekte der Richtungs- und Arbeitskontrolle zu behandeln, die Sie für das Suchen benötigen. Es soll eine Ergänzung zum vorliegenden Arbeitsbuch werden, damit Sie den geprägten Hund für effiziente, effektive und erfolgreiche Suchen mit ins Feld nehmen können. Sie können den am großartigsten geruchsgeprägten Hund der Welt haben, aber wenn Sie ihn nicht führen können, wird er nie nahe genug an einem Zielgeruch sein, um ihn finden zu können. Manchmal höre ich die Frage: „Was ist wichtiger: die Fähigkeit zu suchen oder einen Zielgeruch anzuzeigen?" Für mich ist es die Fähigkeit zu suchen! Wenn ein Hund nicht effektiv suchen kann, wird er niemals finden und den Geruch anzeigen können. Wenn ich den Hund beobachte und seine Kommunikation verstehe, dann reicht mir schon die kleinste Verhaltensänderung, um ein Gebiet oder einen Ort zu untersuchen. Aber im Idealfall wollen wir einen Hund, der über beide Fähigkeiten verfügt – das Suchen und das

Anzeigen. In diesem Arbeitsbuch wurden das Anzeigeverhalten und die Geruchsprägung aufbereitet. Als Nächstes kommt das Suchen. Wichtig ist, dass Sie sich an Folgendes erinnern:

Trainieren Sie immer den Hund,
der vor Ihnen steht!

Anhang

Literaturangaben

API, Canine Oil Detection: Field Trials Report. American Petroleum Institute, Technical Report 1149-3, Washington DC, 2016 https://chiron-k9.com/wpcontent/uploads/2017/08/canine-oil-detection-field-trials-report.pdf

DeChant, M. T., Bunker, P. C., & Hall, N. J. Stimulus Control of Odorant Concentration: Pilot Study of Generalization and Discrimination of Odor Concentration in Canines. Animals, 11(2), 326, 2021 doi:10.3390/ani11020326

Duranton, C., & Horowitz, A. Let me sniff! Nosework induces positive judgment bias in pet dogs. Applied Animal Behaviour Science, 211, 61-66, 2019. doi:10.1016/j.applanim.2018.12.009

Gad, S. Encyclopedia of Toxicology. Trinitrotoluene, 855-857, 2014. doi:10.1016/b978-0-12- 386454-3.00957-x

Moser AY, Bizo L, Brown WY. Olfactory Generalization in Detector Dogs. Animals. 2019; 9(9):702. https://doi.org/10.3390/ani9090702

Owens, E.H., Bunker, P. and Taylor, E., K9 SCAT Subsurface Oil Detection and Delineation Field Study on Coarse-Sediment Beaches in Prince William Sound, Alaska. Proc. 41st AMOP Technical Seminar on Environmental Contamination and Response, ECCC, Ottawa ON, 2018.

Owens, E.H., Dubach, H.C, Bunker, P., MacDonald, S., Yang, Z., Lambert, P. and Laforest, S., Canine Oil Detection (K9-SCAT) following 2015 Releases from the T/V Arrow Wreck. Proceedings International Oil Spill Conference, American Petroleum Institute, Washington DC. Vol, 2017, No. 1, 2620-2641, 2017. http://ioscproceedings.org/doi/pdf/10.7901/2169- 3358-2017.1.2620

Über den Autor

Ich lebe in San Antonio, Texas, obwohl ich ursprünglich aus Großbritannien stamme. Ich bin mit Hunden aufgewachsen und trat nach der Schule der britischen Armee bei, um Hundetrainer zu werden.

Ich begann meine berufliche Laufbahn im Jahr 1982, als ich mich als Hundetrainer beim Royal Army Veterinary Corps (RAVC) meldete. Zunächst verbrachte ich meine Ausbildung mit dem Training von Schutzhunden für den Streifendienst, bevor ich einen Fortgeschrittenentrainerkurs absolvierte und bei den Spürhunden einstieg. In jenen frühen Tagen steckten wir scharfe Sprengstoffe in Metall- oder Plastikrohre und warfen diese zum Apportieren für die Hunde. Es gab keine standardisierten Bauweisen und wir nahmen, was wir gerade zur Hand hatten, um diese Rohre zu bauen. Die Hunde wurden ermutigt, aktiv am Zielobjekt anzuzeigen, indem sie scharrten. Einweghandschuhe wurden niemals getragen und Sprengstoffe wurden mit nackten Händen angefasst. Da ich von C4 rasende Kopfschmerzen bekam, suchte ich immer nach einem Weg, direkten Hautkontakt zu vermeiden. Wenn ich an diese Zeit zurückdenke, schaudere ich, wie wenig wir damals wussten. Im Jahr 1998 nahm ich an einem Trainerkurs für Sprengstoffspürhunde von der Associaton of Chief Police Officers (ACPO) im Polizeipräsidium von Mount Browne, Guildford, England, teil. Es war dieser Kurs, bei dem ich zum ersten Mal passives Anzeigeverhalten sah und mit diesen Spürhunden arbeitete. Die passive Anzeige beschreibt die Methode, bei der trainierte Zielgerüche ohne Berührung angezeigt werden. Bei der Rückkehr zur Militärhundeschule versuchte ich das System der passiven Anzeige zu übernehmen, aber dies stieß auf Ablehnung. Im Jahr 1999 ergab sich jedoch eine Reihe von Ereignissen, die zu einer Veränderung unserer Vorgehensweise führen sollten. Die Militärhundeschule hatte eine Anfrage erhalten, Mitglieder der Australian Army Corps of Engineers auszubilden und in der unangeleinte Spürhunde zur Erkennung von Explosivstoffen eingesetzt wurden. Eine der Anforderungen lautete, dass die Hunde in einem passiven Anzeigeverhalten trainiert werden mussten und nicht aktiv mit dem Zielgeruch interagieren durften. Damals war ich als Senior Non-Commissioned Officer (NCO) für die Spürhundeausbildung zuständig. Das war also die perfekte Gelegenheit, unser Trainingssystem für das passive Anzeigeverhalten weiterzuentwickeln. Später im Jahr 1999 wurde mir die Verantwortung für ein spezielles Projekt zur Ausbildung von Minensuchhunden übertragen. Die Natur von Landminen macht eine passive Anzeige unerlässlich. Und so wurde die Integration des Systems in die militärische Ausbildung nicht mehr nur ein Wunsch, sondern eine Anforderung. Die Freiheit, die mir der verantwortliche Offizier, Major Matt Sheriff, gewährte, förderte die Forschung und Entwicklung von zahlreichen Ideen in diesem Projekt. Dazu gehörten auch die Einführung des Clickers in das Training (siehe Kapitel 3), die Hunde auf geringste Spuren des Zielgeruchs zu trainieren (0,025g / 0,00088 TNT), mit gealterten, vergrabenen Zielen zu arbeiten und sechsminütige passive Anzeigeverhalten zu trainieren. Heutzutage scheinen dies ziemlich verbreitete Standards zu sein, aber damals war es eine bahnbrechende Arbeit. Der Weg ging weiter mit der Gründung des Minenspürhundeprogramms der US Army's Corps of Engineers, Spürhundeabteilung des Verteidigungsministeriums von spezialisierten Suchhunden, welches auf passiven Anzeigen basierte.

Im Jahr 2014 nahm ich an einer Konferenz zur Bekämpfung von Ölunfällen teil. Dort lernte ich Dr. Ed Owens kennen, einen weltbekannten Experten auf diesem Gebiet. Wir diskutierten das Konzept von Öl-Erkennungshunden und stellten buchstäblicheinen einen Plan auf einer Papierserviette auf. Im Folgejahr führten wir eine Forschungsstudie zur Effektivität von Hunden bei der Lokalisierung von Öl bis zu einem Meter unter der Oberfläche durch (API, 2016). Nachdem sich das Konzept bewährt hatte, ergaben sich zahlreiche Möglichkeiten, die Fähigkeiten in realen Einsätzen zu bestätigen – Nova Scotia, Kanada (Owens et al., 2017), Prince William Sound, Alaska (Owens & Bunker, 2018) und Newcastle, Wyoming. Im Jahr 2016 gab es ein großes Leck an einer Ölpipeline in einen Fluss in Saskatchewan, Kanada, und wieder wurden Spürhundeteams zur Unterstützung eingesetzt. Die Teams hatten während ihres vier Monate dauernden Einsatzes bei sechs Arbeitstagen pro Woche über eintausend bestätigte Funde von Öl in Vegetation, Küstenlinie, Trümmerwracks und sogar unter Wasser. Diese Erfahrung unterstreicht die Notwendigkeit einer stabilen Geruchsprägung und beweist, dass diese Arbeit Hunde hervorbringt, die ihre Motivation zum Suchen und Lokalisieren von bis zu 183 Zielobjekten sechs Stunden am Tag aufrechterhalten können. Über die Jahrzehnte wurde mein System mittels der umfangreichen Ausbildung und Erfahrungen im Feld verfeinert. So konnten reale Daten gewonnen werden, um die Wirksamkeit selbst in den widrigsten und anspruchsvollsten Situationen zu bestätigen.

Im Jahr 2017 gründete ich mein Beratungs- und Trainingsunternehmen für Hunde, Chiron K9, LLC. Es war schon immer mein Wunsch, Hunde für den Natur- und Artenschutz auszubilden, und das war von Anfang an auch, worauf sich mein Unternehmen fokussierte. Auch liebe ich Forschung im Hinblick auf die Spürhundefähigkeiten und wollte an der wissenschaftlichen Seite des Trainings beteiligt sein. Einer der Vorteile des selbständigen Arbeitens ist, dass einem niemand sagt, wie man etwas zu tun hat. Die Freiheit, so zu trainieren, wie ich es wollte, neue Techniken auszuprobieren und Ideen zu erforschen, bedeutete, dass ich effektive Trainingssysteme auf der Grundlage meiner jahrelangen Erfahrung entwickeln konnte.

Abgesehen davon begegnete ich so mancher Herausforderung auf dem Weg zur Geruchsprägung. Beim Training von Hunderten von Hunden kann man nicht erwarten, dass es jedes Mal perfekt läuft. Manche Hunde benötigen zusätzliches Training und fordern uns dazu auf, die Schritte in diesem Arbeitsbuch noch weiter aufzuschlüsseln. Das ist völlig in Ordnung – jeder Hund ist ein Individuum und wir müssen immer den Hund trainieren, der gerade vor uns steht. Sie kennen Ihren Hund besser als ich, wenn Sie also wissen, dass etwas besser für ihn funktioniert, dann machen Sie es so. Dieses Arbeitsbuch bietet Flexibilität bei den tatsächlichen Trainingsschritten, damit Sie die Techniken anwenden können, um Erfolg zu haben und immer weiter voranzuschreiten.

Viel Erfolg beim Trainieren!

Paul Bunker

Kontakt zum Autor

Hat Ihnen das Buch gefallen? Möchten Sie gern mit mir in Kontakt bleiben? Fabelhaft!

Ich habe einiges, dass ich umsonst mit Ihnen teilen kann und was für Sie möglicherweise hilfreich ist, z.B. Formulare für Aufzeichnungen, Videos, und Forschungsstudien, an denen ich beteiligt war.

UND wenn Sie meiner privaten Facebook-Community beitreten möchten, in der es um die Geruchsprägung von Hunden geht und in der Sie Zeit mit Gleichgesinnten verbringen können, die den gleichen Weg wie Sie eingeschlagen haben, dann sind Sie herzlich willkommen. Ich würde sehr gern Fotos von Ihnen, Ihrem Hund und dem Arbeitsbuch in der Facebook-Gruppe sehen. Lassen Sie mich wissen, wie es Ihnen ergangen ist und stellen Sie Fragen, wenn Sie Anleitung oder Unterstützung benötigen.

Über Rückmeldungen und Bewertungen freue ich mich immer.

Ich genieße es Seminare, Workshops und Vorträge zu halten, reise gern und treffe mich gern mit neuen Leuten und selbstverständlich auch mit neuen Hunden. Wenn Sie denken, dass ein praktisches Training vorteilhaft wäre, kontaktieren Sie mich bitte und wir werden sehen, was wir arrangieren können.

Website: www.chiron-k9.com/imprinting-book

Instagram: @ChironK9

Facebook: www.facebook.com/ChironK9LLC

Youtube: www.youtube.com/ChironK9

Weitere Bücher, die Sie interessieren könnten:

Prins, Simon

Das Pavlov-Projekt

Ein Diensthundeausbilder berichtet

Als der Autor zu Beginn der 1990er Jahre in eine Diensthundestaffel der niederländischen Polizei eintrat, beruhte die Ausbildung noch auf Unterwerfung und Strafe – wie fast überall zu dieser Zeit und in dieser Szene. Als er mit der Aufgabe betraut wurde, Hunde für eine neu gegründete Spezialeinheit auszubilden, in der die Hunde selbständig über große Entfernungen und außer Sichtweite der Hundeführer agieren sollten, war schnell klar, dass dies mit den herkömmlichen Methoden nicht zu machen war: Es war die Geburtsstunde des „Pavlov-Projekts", der Einführung der operanten Konditionierung in die Welt der Diensthundeausbildung.

Hardcover, 392 Seiten, farbig
ISBN 978-3-95464-257-1

Jahrelang reiste Simon Prins um den Globus, um von den Besten zu lernen und wurde dabei insbesondere von Bob Bailey beeinflusst, den er als seinen geistigen Mentor bezeichnet. In diesem Buch hat er seine ganz persönliche Reise in die spannende Welt der Verhaltens- und Lernforschung festgehalten und lässt den Leser an seinen Erfahrungen und Erkenntnissen teilhaben, zu denen vorübergehende Fehlschläge ebenso gehörten wie großartige Erfolge.

Mitreißend und für jeden verständlich erklärt er die Grundprinzipien und Gesetze eines modernen, auf wissenschaftlichen Fakten beruhenden Hundetrainings, mit dem praktisch alles möglich ist. Warum operante Konditionierung weit mehr ist als „Kekse werfen", was beim Einsatz von Verstärkern alles zu beachten ist, welche Fallstricke sich uns beim Training in den Weg legen können, warum Datensammeln so wichtig ist und wie es um die innere Einstellung und Motivation des Trainers bestellt sein muss, erfahren Sie in diesem spannenden Buch, das Theorie und Praxis überzeugend zusammenbringt.